ANNUAL REPORT ON THE DEVELOPMENT OF
WORLD MILITARY ELECTRONICS
(2018-2019)

世界军事电子
发展报告

（2018~2019）

国家工业信息安全发展研究中心　编著

社会科学文献出版社
SOCIAL SCIENCES ACADEMIC PRESS (CHINA)

年 度 回 顾

2018 年，国外军事电子装备与技术快速发展，主要国家积极推进指挥控制系统、情报监侦系统、导航定位系统开发，推动信息基础设施和通信网络发展，强化网络空间顶层谋划，加强网络空间、电子战作战力量建设，在人工智能技术应用方面取得了重大进展。

一 改革管理模式，开发新系统，
提高联合指挥控制能力

改革核指挥、控制和通信系统管理机构与模式。2 月，美国国防部《核态势审查》报告提出改革核指挥、控制与通信系统管理模式。7月，战略司令部司令开始全权负责该系统管理，这是自冷战结束以来管理模式首次重大变革——由"委员会式"转变为"一元化负责式"。

推进多域指挥控制系统建设。7 月，DARPA 完成"系统之系统集成技术与试验"项目多域组网飞行测试，演示了强对抗环境下使用新集成技术实现陆、海、空、天、网域武器平台间的快速无缝集成。8 月，美空军开展多域指挥控制系统第四次推演，演示了用于决策规划的多域同步效果工具，可使部分规划过程自动化，提高多域环境下联合作战指挥控制能力。

升级反导作战指挥系统。10月，美陆军启动一体化防空反导作战指挥系统升级工作。一是升级系统作战中心和综合火控网络中继能力，以提高系统作战效能、可靠性、可维护性；二是开发一体化防空反导作战指挥系统软件4.5版，该版本将根据威胁变化更新软件设计，并集成"爱国者"导弹防御系统能力；三是提供后勤、培训和测试支持，预计2019年底开展系统飞行试验。此次升级将提高系统应对新威胁能力和网络化作战效能，为美陆军多域一体化作战指挥提供有力保障。

发展无人机集群指挥控制能力。3月，DARPA启动"进攻性集群战术"项目第二阶段工作，重点演示集群自主技术，计划实现50个异构无人系统在两个街区、15~30分钟锁定一个目标，探索无人机集群在复杂城市环境中的作战应用。11月，DARPA开展"拒止环境联合作战"项目测试，演示了在敌方干扰环境下，单人控制无人机集群遂行联合作战任务的能力。

二 推进信息基础设施建设，提升信息共享和安全能力

联合区域安全堆栈持续部署。2月，美国国防部、陆军、空军对联合区域安全堆栈开展测试与评估。据美国国防信息系统局统计，目前已有14个非密联合区域安全堆栈投入运行，最终将部署25个堆栈。

云基础设施建设加速推进。2018年，美国启动"联合企业国防基础设施"和"国防企业办公解决方案"大型云采办项目，总投资178亿美元，为期10年，采购商业云基础设施即服务、平台即服务、软件即服务解决方案，旨在提升作战能力和办公效率。5月，美国国防部启动105个国防机构的军事云1.0向2.0迁移工作，以进一步提高数据资源整合共享效率。

三 发展新型通信系统与技术，满足作战信息传输需求

美、俄、日通信卫星发射入轨。4月俄罗斯发射第二颗"钟鸣"系列高通量通信卫星，日本发射"煌"–1军事通信卫星，10月美国发射第四颗"先进极高频"卫星。其中，"钟鸣"卫星可保障高速互联网接入、数据传输、电话和视频会议；"煌"–1卫星工作于 X 波段，覆盖太平洋地区；"先进极高频"卫星系统实现全球覆盖，通信速率达 1 兆字节/秒，可提供抗干扰、高保密、高生存能力的战术通信服务。

加速通信网络现代化。3 月，美陆军演示便携式战术指挥通信终端、地面传输视距无线电台等战术网络现代化成果，以建立统一任务指挥网，提高联合互操作能力。4 月，美国防信息系统局宣布正利用下一代分组光传输技术升级国防信息系统网，预计 2019 财年完成。此举将使国防信息系统网数据传输率提升 10 倍，可向联合信息环境、企业数据中心、联合区域安全堆栈提供 100 吉字节/秒带宽，网络可靠性和抗毁性更高，以进一步提升美国防部网络通信与服务水平，更好地满足作战任务需求。美国国防部通过新版陆军战术网络战略，旨在快速引入新技术，提高战术网络效率、可靠性和安全性。

通信技术取得新突破。1 月，DARPA "100G 射频骨干网"项目完成空地通信演示验证，速率达 102 吉比特/秒，距离超过 20 千米。该技术有望使无线通信速率较 Link－16 数据链提高 4 个数量级。5 月，欧洲"空间数据高速公路"成功实现 1 万次激光链接，数据传输量超过 500 太字节，传输速率 1.8 吉比特/秒。8 月，美国航空航天公司成功开展世界首次立方星星地激光通信技术验证，传输速率达 100 兆比特/秒，是目前同等大小卫星传输速率的 50 倍，将极大地拓

展小卫星应用空间；美国林肯实验室开发出水下窄束激光通信原型，可在 1 秒内建立潜航器之间的激光通信链接，传输速率达吉比特/秒。

四 完善情报监侦系统和技术，提升
战场态势感知能力

完善天基预警侦察体系。1 月，美空军发射天基红外系统第四颗地球同步轨道卫星，完成星座初步部署，实现系统全球覆盖。2 月、6 月，日本先后发射"情报收集卫星系统"光学 6 号、雷达 6 号卫星，使在轨光学侦察卫星达到 3 颗、雷达侦察卫星达到 5 颗。

升级与研制预警飞机。2 月，日本着手升级 4 架 E－767 预警机计算机系统，以提高机载数据处理能力，预计 2022 年完成。9 月，俄罗斯 A－100 预警机进入定型量产前的国家测试阶段，该机对空、对海探测距离分别可达到 600 千米、400 千米，将显著增强俄军空中作战优势。

研制与部署新型陆基雷达。6 月，俄罗斯在伏尔加地区部署首部"敌手－GE"机动式防空反导雷达，该雷达可探测跟踪飞机、巡航导弹、弹道导弹和小型低速飞行器等目标。7 月，美海军陆战队接收首部采用氮化镓技术的 AN/TPS－80 地/空多任务导向雷达系统，以进一步提高其作战能力。9 月，美国完成"太空篱笆"系统建造与集成，预计 2019 年投入使用。

太赫兹雷达与光子雷达研制取得突破。1 月，美国休斯研究实验室开发出一种小型化、低成本新型太赫兹成像雷达，可实现不依赖自身与目标相对运动的高分辨率、高帧率目标成像，有望成为成像雷达技术的又一次变革。7 月，俄罗斯 RTI 集团展示首条微波光子雷达激光器生产线，目前正在开展 X 波段微波光子雷达样机研制工作，该雷达可对超远距离目标成像，快速判别飞机类型，显著提升战机目标识别能力。

五　导航系统与技术稳步发展，确保战场时空信息获取能力

卫星导航系统稳步发展。4 月，印度导航卫星 IRNSS – 1I 发射升空，顶替失效的 IRNSS – 1A 卫星，完成印度区域导航系统星座补网。7 月，欧洲发射 4 颗"伽利略"导航卫星，基本完成全球覆盖。9 月，美空军启动 GPS – 3F 卫星研制工作，完成新一代地面系统"运行控制系统"（OCX）监测站接收机的质量测试。首颗 GPS – 3F 卫星预计 12 月发射。

发展新型不依赖卫星导航技术。7 月，美国罗克韦尔·柯林斯公司开发出可融合多种传感器信息的"导航融合模块"，可与全源定位导航系统兼容，在各种威胁环境下提供精确导航。11 月，英国展示世界首款量子加速度计，该设备可测量极低温度下超冷原子运动，在不依赖任何外部信号的条件下实现加速度精密测量，可用于大型车辆和船舶。

六　电子战装备研发和部署取得新进展，电磁对抗能力不断提升

顶层明确电磁频谱作战的核心地位。4 月，美国众议院提交的《2018 年联合电磁频谱作战战备法案》指出，电磁频谱优势是国防战略取得成功的核心，必须加快重构相对势均力敌对手的电磁频谱优势。2019 财年《国防授权法案》提出，曾经完全属于战术作战领域的电子战现已具备战略重要性，要求国防部组建跨职能小组评估对手电子战实力，由国防部长制定联合电磁频谱作战流程和程序，并指定专员负责监督。

研发、部署新型装备提高电磁对抗能力。2月，日本RC-2新型电子情报飞机成功首飞，该机使用川崎重工生产的C-2运输机平台，搭载电子情报任务系统，能够远程搜集、分析处理不同频谱的电磁信号，并利用新型机载卫星通信系统实时传输情报数据，计划建造4架，2019年部署以取代YS-11EB飞机。5月，美国海军下一代干扰机增量1进入结构设计阶段，10月增量2研发启动。下一代干扰机将取代现役AN/ALQ-99吊舱，具备全频谱干扰能力，有效应对不断发展的各种威胁，确保未来数十年机载电子攻击的领先水平。10月，俄罗斯在主要战略方向部署16套最新型"萨马尔罕"电子战系统，包括加里宁格勒州、滨海边疆区、克拉斯诺达尔边疆区和白俄罗斯境内等。该系统能瘫痪敌方雷达、通信和导航设备，并具备巡航导弹干扰能力。

开发新技术提高电子战系统作战能力。3月，美国水星系统公司开发出微型数字射频存储器，该器件尺寸仅为传统数字射频存储器的1/4，可集成到精确制导武器中，赋予武器有源电子干扰能力，实现突防时对防空反导系统的电子干扰压制，显著提升武器突防和生存能力，未来有望应用于小型无人机等平台，催生新的作战样式。4月，美海军向诺斯罗普·格鲁曼公司授出合同，为"反应式电子攻击措施"项目开发机器学习算法。该算法将应用于EA-18G飞机电子攻击装备，使其具备智能化电子战作战能力，可有效侦察和对抗敌方灵巧、捷变、未知的雷达信号。

七 网络空间建设举措加快落地，增强网络实战对抗能力

美国密集出台网络空间战略和作战条令。5月，国土安全部发布《网络安全战略》，强调采取评估网络安全风险、减少关键基础设施

脆弱性、降低网络犯罪活动威胁、缓解网络事件影响等举措，确保国家关键基础设施网络安全。6月，参联会发布《JP3-12联合网络作战条令》，为全面实施网络作战和能力建设提供权威指导。9月，白宫发布《国家网络战略》，明确了美国网络安全目标和举措；同月，国防部发布新版《国防部网络战略》，提出建立更具杀伤力的部队，强化网络空间威慑，"慑战并举"战略思想更明显，实施举措更强硬。

加快网络空间作战力量建设。5月，美军133支网络任务部队具备全面作战能力；美国网络司令部升级为一级联合作战司令部，提升了在国防部的话语权，减少了指挥层级，实现了对整个网络作战力量的建设和作战行动的统一指挥与协调。

持续研发网络攻防技术与装备。1月，DARPA启动"大规模网络狩猎"项目，旨在利用先进算法实时跟踪大量数据，协助锁定采用高级黑客技术实施的网络攻击。4月，DARPA启动"人机探索网络安全"项目，通过人机协同提升软件漏洞检测能力。8月，美国防部公布"统一平台"网络武器系统采购计划，该系统是一种网络联合作战平台，集成网络攻防、作战规划、情报处理等功能，有望实现网络域与其他作战域的快速融合，预计2021年交付。

八 加强人工智能技术应用，有望
产生颠覆性军事影响

人工智能机构建设速度明显加快。5月，美国国家科学技术委员会计划成立人工智能特别委员会，以促进产业界、学术界合作，集中优势资源支持国家人工智能研发生态系统。5月，英国国防部国防科学技术实验室设立人工智能中心，以提升英国人工智能技术在国防和安全领域的应用水平。6月，美国国防部宣布成立联合人工智能中

心，该中心旨在统筹相关项目管理工作，与各军种共同协调实施单个预算超 1500 万美元的项目，加速人工智能技术验证和应用。

人工智能军事应用在多领域勃发。2 月，美国空军研究实验室启动"数字企业多源开发助手"项目，旨在辅助情报分析人员发现和处理海量复杂情报数据。4 月，美国国防部"马文"计划启动满 1 年，该计划新开发的算法对中东地区无人机所拍视频中的人员、车辆、建筑的识别准确率可达 80％。6 月，路透社披露，美军正在秘密开发一种人工智能系统，旨在辅助预测核导弹发射，跟踪瞄准其他国家移动发射装置。7 月，俄罗斯 Sozvezdiye 公司演示了基于人工智能技术的无线电电子干扰系统，用于对抗非法飞行的无人机。

战略与政策篇

2018 年，主要国家高度重视网络领域和量子信息前沿技术发展，发布多份战略与规划文件，顶层谋划并投资支持相关领域发展。在相关战略和政策引导下，2018 年国外网络空间作战力量建设步伐加快，启动多项网络技术与装备研发项目和采购计划；智能化成为发展重点；量子信息技术发展迅速，在传感和导航领域的应用取得突破性进展；微电子、光电子等基础电子元器件产品和技术取得多项重要进展。

一 美、日顶层谋划网络空间发展，明确国家层面和各政府机构层面的战略目标与实现措施

（一）美、日发布国家顶层网络战略，提出国家顶层战略目标和实现措施

2018 年 9 月，美国发布《国家网络战略》，概述了美国网络安全的四项支柱、十项目标、四十二项优先行动。这是特朗普上任后的首份国家网络战略，强调塑造美国在网络空间领域的全球领导地位，反

映出特朗普政府更加强硬的治网特点。7月，日本内阁审议通过了2018 版《网络安全战略》，提出了日本网络安全战略三大目标及具体实现措施。这是日本根据《网络安全基本法》制定的第二版战略，2013 年以来制定的第三版战略，强调日本要提升应对"影响国民生活的大规模网络攻击"的能力，以及要与民间企业合作开展"积极的网络防御"。

（二）美国多个政府机构及网络司令部发布网络战略或规划，明确各自范围内的战略目标和实现途径

2018 年，美国网络司令部、国土安全部、能源部、国防部先后发布《网络司令部愿景：实现和保持网络空间优势》《国土安全部网络安全战略》《能源部网络安全多年期规划》《2018 年国防部网络战略（摘要）》等战略规划文件，明确了各自范围内的战略目标和实现途径。

网络司令部提出了"实现及保持网络空间域优势，影响对手行为，为联合力量提供战略和作战优势，捍卫和加强国家利益"的总愿景，这是新形势下网络司令部的战略宣言与行动路线图。国土安全部提出了"到 2023 年，国土安全部将通过提高政府网络和关键基础设施安全性与弹性、减少非法网络活动、改善对网络事件的响应、培育更加安全和可靠的网络生态系统等多种手段，努力提升国家网络安全风险管理水平"的战略愿景，为未来五年国土安全部网络安全职责的履行提供了框架。能源部多年期规划，旨在增强能源系统抵御网络风险的能力，降低网络攻击事件给美国能源系统带来的威胁。国防部网络战略明确了国防部在网络空间的五大目标及实现途径，将指导国防部打造"慑战并举"的网络能力，确保网络任务部队能够在网络作战中取胜，同时还将促进联合部队在军事冲突中实施有效网络作战。

二 美、英制定网络空间相关作战条令，
为网络空间作战提供顶层指导

（一）美、英制定相关作战条令，促进网络战、电磁频谱战相融合

2018年1月，美国陆军训练与条令司令部发布《TP525-8-6美国陆军网络空间和电子战作战概念（2025~2040）》，阐述了美国陆军将如何在网络空间和电磁频谱中作战，以及将如何全面整合网络空间、电子战、电磁频谱行动，从而应对未来作战环境的挑战。2月，英国国防部"发展、概念与条令中心"发布《联合条令注释：网络和电磁行动》，界定了网络和电磁行动概念、分类，以及网络电磁行动中各种功能要素的协调。网络和电磁行动即对在电磁环境和网络空间实施攻击行动、防御行动、信息行动、使能行动的同步与协调。其中，攻击行动和防御行动分别包括电子攻击、网络攻击和电子防御、网络防御。信息行动包括单一信号情报、作战空间电子监视和网络情报监视侦察。使能行动包括国防频谱管理、能力评估、能力开发与交付、电子战作战支援、网络环境作战准备、作战空间频谱管理、指控通信系统、兵力开发等。

（二）美国发布新版网络空间联合作战条令，为联合网络空间作战规划、准备、执行和评估提供顶层指导

2018年6月，美国参谋长联席会议正式对外发布新版《JP3-12网络空间作战条令》，提出了网络空间作战力量的主要构成包括网络司令部指挥官、网络任务部队、网络司令部下属指挥机构、其他网络空间部队和工作人员；指出了网络空间作战核心活动主要涉及利用网络空间开展的军事行动、国家情报行动、日常业务

运营等；明确了国防部长、参联会主席、各军种参谋长、网络司令部司令、各军种网络司令部司令、国防信息系统局局长、国家安全局局长、国防情报局局长、国土安全部、司法部等与网络空间作战相关的人员和机构的主要职责；讨论了网络空间作战的规划、协调、执行与评估等。新版条令的发布，对于提升美军网络作战效能，推动网络作战与传统作战的融合进程，进一步增强美军跨域联合作战能力具有重要意义。

三　美欧顶层谋划量子信息科学发展，
多措并举推动技术进步

（一）美国推出战略计划，采取多种措施推动量子信息科学发展

2018 年 9 月，美国众议院通过《国家量子倡议法案》，提出未来五年投资 12.75 亿美元推进"国家量子倡议"计划，并从标准制定、资金投入、机构设置等方面采取五项举措，推动量子信息科学基础研究、技术应用和人才培养，加速量子信息科学技术发展与应用。同月，美国国家科学技术委员会发布《量子信息科学国家战略概述》，指出了美国量子信息科学的未来发展方向，以及美国量子信息科学发展面临的挑战，并建议从量子研究方法、人才储备、量子产业、基础设施、国际合作等角度采取相关措施，推进美国量子信息科学发展。

（二）欧盟启动"量子技术旗舰"计划，推动欧盟相关技术发展并建立产业优势

3 月，欧盟委员会启动总额 10 亿欧元、为期 10 年的"量子技术旗舰"计划。该计划旨在汇集欧盟及其成员国的优势，推动量子通

信、量子模拟、量子传感和量子计算等领域的技术发展，确立欧洲在量子技术和产业方面的领先优势。

（三）德英政府机构增加项目投资，助力量子技术研发

2018 年 9 月，德国政府投入 6.5 亿欧元，用于"量子技术——从基础到市场"项目。该项目是在德国联邦教育和研究部、经济部、内政部和国防部的支持下开展实施的，主要目标包括扩展量子技术研究领域、为新应用创造研究网络、开展国际合作等。该项目研究周期为 2018～2022 年，并可能延长至 2028 年。9 月，英国宣布未来五年为"国家量子技术"项目投入 8000 万英镑，投资将用于支持传感器和测量中心、量子增强成像中心、网络量子信息技术中心、量子通信技术中心在 2018～2023 年的量子技术研发和应用。

国防电子装备篇

一　指挥控制系统

（一）指挥控制管理机构调整改革

1. 美军改革核指挥、控制和通信系统管理机构

2月，美国《核态势审查》报告提出改革核指挥、控制与通信系统管理模式。7月，参联会指定战略司令部司令全权负责该系统管理，在运行、需求、系统工程和集成方面承担更多责任。此举是核指挥、控制与通信系统自冷战结束以来首次重大变革，其管理模式由之前的"委员会式"转变为"一元化负责式"。5月，美军开始拟制核指挥、控制与通信系统升级计划，在保证信息传输完整性的同时，具备可靠的克服核攻击影响所必需的弹性和生存能力。未来30年，美军还将花费1840亿美元用于核指挥、控制与通信系统的发展建设。

2. 建立各类联合指挥控制中心

1月，美国国家空间防御中心（NSDC）投入运行。该中心首次

将军方和情报部门的资源整合到一起，收集并共享对美国卫星及配套基础设施有威胁的数据，重点保护太空安全。2017年12月，日本政府通过筹建太空和网络空间作战指挥中心决议，此举是日本2018年防务安全纲领的重要方向之一，该中心将联合西方国家密切跟踪近地空间威胁目标的运行状态。2月14日，北约决定设立"大西洋指挥部"和"欧洲指挥部"，同时设立一个新的欧洲后勤和移动指挥部，还将在盟军力量欧洲最高总部（SHAPE）下面建立一个网络行动管理中心。

（二）推进多域指挥控制系统建设

7月，DARPA完成"系统之系统集成技术与试验"项目多域组网飞行测试，演示了强对抗环境下使用新集成技术实现陆、海、空、天、网域武器平台间的快速无缝集成。8月，美空军联合洛克希德·马丁公司开展多域指挥控制系统第四次推演，演示了用于决策规划的多域同步效果工具，该工具技术成熟度已达5级，可使部分规划过程自动化，提高多域环境下联合作战指挥控制能力。10月，美国陆军启动一体化防空反导作战指挥系统升级工作。一是升级系统作战中心和综合火控网络中继能力，以提高系统作战效能、可靠性、可维护性；二是开发一体化防空反导作战指挥系统软件4.5版，该版本将根据威胁变化更新软件设计，并集成"爱国者"导弹防御系统能力；三是提供后勤、培训和测试支持，预计2019年底开展系统飞行试验。此次升级将提高系统应对新威胁能力和网络化作战效能，为美陆军多域一体化作战指挥提供有力保障。

（三）发展新型指挥控制系统

2018年，美军开始用联合环境全球指挥控制系统逐步取代联合全球指挥控制系统，通过全球可访问的企业云服务，提供实时共享的态势融合，共享从战术指挥员到战略级别指挥员的通用作战图，并为作战提供情报支持。1月，俄军第一近卫坦克集团军开始部署"星球大战司令部"新一代全自动化指挥系统，标志着俄军"战场神经"建设再次升级，以进一步提升自动化指挥作战能力。以色列陆军计划装备"杏仁"便携式指挥控制与信息系统，其可实时生成友军和敌军部队信息，提供态势分析和规划建议。8月，美陆军寻求研发更轻、更小的车载计算系统，以对联合作战指挥平台系统进行升级，提高士兵执行任务的机动性。

（四）提升无人机集群指挥控制能力

3月，DARPA启动"进攻性集群战术"项目第二阶段工作，重点演示集群自主技术，计划实现50个异构无人系统在两个街区、15~30分钟锁定一个目标。该项目围绕提升集群自主水平，探索无人机集群在复杂城市环境中的作战应用。11月，DARPA开展"拒止环境联合作战"项目测试，演示了无人机集群在敌方干扰环境下的作战能力。该计划旨在为现有无人机研发新算法和软件，使无人机集群能够在拒止或竞争空域中，由单个操作员控制遂行联合作战任务。

二 国防信息基础设施

（一）美国持续推进联合区域安全堆栈建设

2月，美国国防信息系统局（DISA）表示，国防部、陆军、空军正在对JRSS进行测试与评估。5月，据国防信息系统局统计，已有14个非密JRSS站点正在运行，2019财年前将共部署20个JRSS站点，最终需要25个非密JRSS站点。

（二）美国国防信息系统网络将提速10倍

4月，在国防部国防信息系统局主导下，美军已投入80亿美元，利用下一代光传送系统将联合信息环境主干网络——国防信息系统网传输带宽从10吉比特/秒升级到100吉比特/秒，传输平均延迟降至10毫秒以内，计划2019年完成。届时，可向联合信息环境企业数据中心和联合区域安全堆栈站点提供100吉比特/秒带宽，为美军各作战司令部提供更好的基础设施，并将关键组成部分迁移至基于互联网协议的以太网基础设施。此外，这项计划还会通过建立更多的路径，避免由单一事故引发的全网瘫痪问题，提高国防信息系统网络效率、容量，增强可靠性、稳定性、抗毁性。此次网络升级可满足美军对网络通信与服务的需要，更好地支撑指挥控制、通信、情报监视侦察、移动性、网络安全、导弹预警、空间任务等。

（三）美军加速云环境建设

1. 部署云安全体系结构

1月，美国国防部部署安全云计算体系结构。该体系结构是一套企业级云安全与管理服务，用于为托管于商业云环境中影响等级为4、5级的数据提供标准的边界与应用层安全方案。

2. 美国军事云2.0上线

2月1日，美国军事云2.0在麦克斯韦、丁克空军基地正式上线。美国国防信息系统局（DISA）已授权将非密国家安全数据和重要任务信息连接至军事云2.0，涉密数据和信息将在未来6~12个月连入军事云2.0。军事云2.0是美国国防部专用的云基础设施，通过专用安全部署模型将商业云服务与国防部网络相连，提高作战人员执行任务的灵活性，同时节省大量时间、经费和资源。5月，DISA启动军事云2.0迁移工作，首先将运行在军事云1.0上的相关应用程序迁移，然后将运行在 DISA 数据中心中的应用程序迁移，部署于 105 个国防机构的军事云 1.0 将逐步向 2.0 迁移，9 月将聊天功能迁移完毕，计划 10 月实现网络会议功能，以进一步提高数据资源整合共享效率（见图 1）。

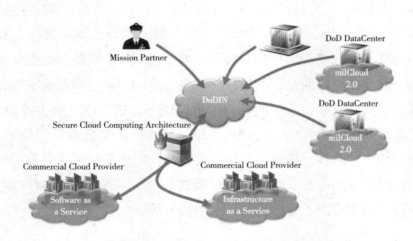

图 1　军事云为美国国防部信息网络提供服务

3. 美国国防部寻求新的云解决方案

美国积极推进"联合企业国防基础设施"和"国防企业办公解决方案"项目（见图 2、图 3）。"联合企业国防基础设施"项目预算 100 亿美元，为期 10 年，拟采购支持各密级信息的商业云基础设施服务和平台服务解决方案，以服务于国防部所有组成部门。"国防企业办公解决方案"项目预算 78 亿美元，为期 10 年，拟采用商业软件即服务解决方案，提供各种办公服务，取代国防部诸多系统以及各种传统的办公、报文和协作企业信息技术服务。

4. 美国国防部开始重视云迁移过程中的量子入侵防御技术

9 月，美国国防部指出应将"军事云"计划与量子入侵防御技术结合起来，以应对未来量子计算机安全威胁。据美军网络安全专

图 2　联合企业国防基础设施

图 3　国防企业办公解决方案

家预测，量子计算机有望在未来十年内破解多种现代加密方式，包括用于保护上传至云端的数据加密方式，或将入侵未来联合企业国防基础设施（JEDI）军事云。国防部全面分析了数据向云迁移过程中涉及安全和效率的所有因素，提出当前是找出量子入侵漏洞的最佳时机，应主动利用当前云计算迁移的机会，积极开发新型量子入侵防御技术。

（四）俄军打造"第二互联网"

6月，据英国媒体称，俄军计划花费600万美元，建设一个巨大的云网络，使其情报系统独立于互联网运行，预计2020年全面投入使用，将大幅提升俄罗斯情报系统抗网络攻击能力。

三 通信系统

（一）美俄日积极发射通信卫星

2018年，美国、俄罗斯、印度、日本等国家积极发展卫星通信系统，发射多颗通信卫星。4月，俄罗斯发射第二颗"钟鸣"系列高通量通信卫星，以保障高速互联网接入、数据传输、电话和视频会议。4月，日本"煌"-1军事通信卫星发射升空。该星工作于X波段，覆盖太平洋地区，预计2020年"煌"系列卫星通信系统完成组网，将大幅提升日本自卫队通信能力。10月，美空军第四颗"先进极高频"卫星成功发射（见图4）。该系统已实现全球覆盖，战术通信速率达8兆比特/秒，提供抗干扰、高保密、高生存能力的通信服务。11月，俄罗斯空军航天部队发射3颗军用通信卫星，但未披露载荷具体信息。12月，俄罗斯"福音"13L重型军事通信卫星发射成功，该卫星配备C波段和Ka/Q波段转发器，将用于高速数据传输，可向用户提供电话、视频会议以及互联网宽带接入等服务，设计寿命15年。3月和12月印度先后发射国产GSAT-6A和GSAT-7A军事通信卫星，将印度空军的飞机、空中预警平台、无人机和地面站连接成一个通信网络。

（二）加速通信网络现代化

3月，美国陆军演示便携式战术指挥通信终端、指挥所计算环

图4 美国发射 AEHF-4 先进极高频卫星

境、途中任务指挥、地面传输视距无线电台等战术网络现代化成果，以建立统一任务指挥网，提高联合互操作能力。同月，美国国防部强制采用新版软件通信体系结构。美国国防部联合企业标准委员会采用软件通信体系结构（SCA）4.1 版，取代 SCA 2.2.2 版，作为国防部信息技术标准注册库中的强制性战术无线电标准。SCA 是一种开放式体系结构框架，可将波形软件与平台专用软硬件分离，促进波形软件的复用，降低开发费用。SCA 4.1 兼容 SCA 2.2.2，并提高了网络安全性、软件可移植性。4 月，美国国防部通过新版陆军战术网络战略，旨在快速引入新技术，提高战术网络效率、可靠性和安全性，满足战术作战需求。8月，美国国防信息系统局认证新设备用于移动非密—保密通信。批准将三星盖乐世S9和S9＋智能手机用于国防部移动非密—保密通信（DMCU）。国防部移动非密—保密通信是国防信息系统局批准的企业服务，允许通过相关手机访问国防部信息网络、国防企业邮件与安全聊天功能，以及经该局批准的应用程序及应用程序商店（见图5）。

图5　美国陆军测试战术网络现代化成果

四　情报监视侦察系统

2018年，美国更新情报条令、发布飞行计划，并通过发展多手段技术联合，继续完善联合情报侦察手段，扩大战场态势感知范围。同时，俄罗斯、法国等也加大空基、海基侦察系统的建设力度，提升情报侦察能力。此外，国外在特种侦察装备研发领域也取得了新进展。

（一）情报条令与计划文件

1. 美国陆军发布新版《ADP 2-0情报》条令

9月，美国陆军发布新版《ADP 2-0情报》条令，取代2012年8月发布的《ADP 2-0情报》和《ADRP 2-0情报》条令。该条令阐述了作战与情报、情报支持、情报流程、陆军情报能力和为情报而战五方面内容。其中，着重强调了情报挑战、指挥官在情报中的作用及情报任务集成、发展信息收集计划和建立情报体系结构等方面的内容。同时，根据目前美国陆军面临的新作战环境，该条令在内容上也进行了如下调整：更新对作战环境和威胁的认识，探讨了多域作战中的情报支持；更新对情报作战职能、情报核心竞争力的描述，使用"国家到战术情报"一词替代旧版条令的"情报企业"；更新信息收集的持续性特点。

新版条令结合《FM 3-0作战》，聚焦陆军面临的大规模作战行动相关的新挑战，为在复杂作战环境中的情报任务提供通用架构支持，以及可支持统一地面作战的框架。

2. 美国空军发布《下一代情报、监视与侦察优势飞行规划》

8月2日，美国空军发布《下一代情报、监视与侦察优势飞行规划》，希望维持并增强空军在数字时代的决策优势，更好地应对大国竞争和快速技术变革。该优势飞行规划按照美国《国防战略》的要求，调整了目标、方式，评估从人力密集型宽松环境转型至均势对手威胁环境下的人机编队方法，重新定位了情报、监视与侦察体系。

为应对竞争激烈环境的挑战，空军指出未来的ISR体系将整合先进技术的多领域、多情报、政府/商业合作的协作感知网格，并具有弹性、持久性和渗透性，支持动能和非动能能力，为关键作战人员提供决策优势，使其胜任整个冲突环境下的作战任务。空军在战场所使用的创新技术，将推进空军整个情报、监视与侦察体系在数字时代的发展，并为作战做好准备。

（二）天基情报监视侦察系统

1. 美国发射第五颗"未来成像体系—雷达"卫星

1月，美国国家侦察局发射"未来成像体系—雷达"（FIA-Radar）卫星系列第五颗卫星——NROL-47。该系列五颗卫星由波音公司研制，用于接替1988～2005年发射的"长曲棍球"/"缟玛瑙"雷达侦察卫星。

该系统针对星座运行进行改进，支持实现对热点地区的快速重访，已由5颗卫星实现系统组网运行。卫星详细信息未见报道，其发射质量仅为"长曲棍球"卫星的1/3，分辨率据报道可达到0.15米。

2. 美国空军成功发射第4颗地球同步轨道天基红外反导预警卫星

1月，美国空军在佛罗里达州卡纳维拉尔角空军基地使用"大力神"V火箭将天基红外系统地球同步轨道4号星（GEO Flight 4）成功发射升空，并于10天后进入地球同步轨道，1个月后开启星上载荷，进行数个月的在轨系统试验。

该卫星由洛克希德·马丁公司研制，有效载荷由诺斯罗普格鲁曼公司提供，之前已有SBIRS地球同步轨道1号星、2号星和3号星分别于2011年、2013年和2017年发射，地球同步轨道5号星和6号星将分别于2020年和2021年发射。

SBIRS用于替代美国国防支援计划（DSP）红外预警卫星系统，最早规划的天基红外系统包括高轨道星座、低轨道星座和地面数据接收处理设施，高轨道星座由2颗大椭圆轨道卫星（HEO）和4颗地球同步轨道卫星（GEO）组成，后调整为4颗HEO和6颗GEO；低轨道星座由24颗低轨道卫星组成，执行弹道导弹飞行中段的精确跟踪任务，但低轨卫星的管理权于2001年从美国空军转交给导弹防御局，改名为天基跟踪监视系统（STSS），当前只有2颗验证星在轨。

3. 印度发射第四颗"制图卫星"

1月，印度将第四颗"制图卫星"–2F遥感卫星送入距离地表505千米的轨道。"制图卫星"–2F专门用于测绘和制图，携带全色和多光谱相机，全色分辨率0.65米，4通道多光谱分辨率2米，幅宽10千米，重约710千克，设计寿命为5年。该卫星是印度空间研究组织发展的专用测绘卫星系列，主要用于为各种地理信息系统提供支持。

4. 俄罗斯发射一颗军事侦察卫星

3月，俄罗斯发射一颗极地轨道小型侦察卫星"宇宙 – 2525"，轨道高度小于315千米。卫星设计质量小于300千克，可拍摄高分辨率地球表面监视图像，将不断完善侦察监视卫星体系，形成成像侦察、测绘测地等全面的侦察监视能力。

5. 日本完善情报收集卫星体系

2月和6月，日本分别发射情报收集卫星的"光学6号"光学侦察卫星和"雷达6号"雷达侦察卫星。"光学6号"是日本第三代光学卫星中的第二颗，与2015年发射的"光学5号"性能基本一致，分辨率提高到0.3米，将取代已超设计寿命的"光学4号"卫星。"雷达6号"侦察卫星，分辨率0.5米，将替代超期服役的"雷达4号"卫星。

情报收集卫星由三菱电机公司研制，由内阁卫星情报中心运行，分为光学卫星和雷达卫星。算上2003年11月那次造成2颗卫星被毁的发射失败，H – 2A火箭现已通过13次飞行发射了16颗IGS系统卫星。

6. 洛克希德·马丁公司获29亿美元新预警卫星合同

8月，美国空军与洛克希德·马丁公司签署3颗地球同步轨道的下一代过顶持续红外卫星研制合同，计划于2021年4月前完工。

该系统将由5颗地球同步轨道卫星和2颗极地轨道卫星组成，搭载轻量级主任务有效载荷（重量低于272千克），旨在加速研发对抗环境下的新型导弹预警卫星系统，以替代原有天基红外系统。系统分为两个模块交付，Block 0模块将包含5颗卫星，由洛克希德·马丁公司交付，有望在2025年实现初始能力，2029年前投入作战应用。空军计划为Block 1模块的交付采用开放式行业竞争模式。该模块将包含至少2颗地球同步轨道卫星，在2020年中期开始建造，2030年实现初始能力。为提高对抗环境下的战略生存能力，Block 1模块很可能由5颗额外的地球同步轨道卫星和2颗额外的极地轨道卫星组成。

7. 美国接收首颗See Me光学侦察小卫星

10月，雷声公司向DARPA交付首颗低地球轨道"太空增强军事作战效能项目"光学侦察小卫星，将为地面士兵提供更强大的战场态势感知能力。See Me项目旨在向士兵手持设备及时提供关注地点的高分辨率战术图像，解决地面部队不能随访大型军/商用卫星的问题。

（三）空基情报监视侦察系统

1. 意大利空军接收第二架G550 CAEW预警指挥机

1月，以色列国防部和以色列航空工业公司（IAI）向意大利空军交付了一架G550空中预警指挥机（CAEW），这是2012年两国政府签署的军贸协定中需交付的第二架预警机。CAEW是IAI子公司ELTA系统开发的早期预警和控制系统，安装在湾流G550公务机上。

G550 CAEW基于安装在飞机机身两侧的雷达，具备对空对海态势感知能力，可以在任何地形和任何天气条件下（包括海上监视）对各种高度的空中目标进行360°监视，并且可以长航程、长航时操作。

2. 波音公司获得6100万美元合同，升级日本 E - 767预警机

2 月，美国防部发布编号为 CR - 028 - 18 的合同公告，波音公司获得 6100 万美元的合同，用于对 4 架日本 E - 767 机载预警和控制系统（AWACS）飞机的任务计算升级安装以及相关地面系统的检查。

这一工作将在俄克拉荷马州的俄克拉荷马市、得克萨斯州圣安东尼奥市和华盛顿州西雅图市进行，预计将于 2022 年 12 月 31 日完成。

波音 E - 767 是日本航空自卫队（JASDF）特有的机载预警和控制系统（AWACS）飞机。它是为响应日本航空自卫队的要求而设计的，实质上是将波音 E - 3 "哨兵" 预警指挥机的监视雷达和空中控制系统安装在波音 767 ~ 200 上。日本自卫队在 1993 财政年度采购了 2 架 E - 767，并在 1994 财政年度再度购买 2 架 E - 767。4 架 E - 767 均由位于日本静冈县滨松空军基地的日本空军自卫队第 602 中队运营，于 2000 年 5 月投入使用。

这是日本 E - 767 近年来的第二次现代化改造。2014 年，该机配备了更新的任务计算机、电子支援措施、交通警报与防撞系统、AN/ APX - 119 敌我识别（IFF）应答器、下一代 UPX - 40 IFF、自动识别系统和数据链升级，目的是使日本的 E - 767 AWACS 机队与美国空军波音 E - 3 "哨兵" AWACS 机队更加兼容和互通。

3. 美国启动多传感器融合项目，以增强空对地目标识别能力

2 月，美国空军投入 3360 万美元启动为期 5 年的传感器融合项目——精确实时战斗作战识别传感器（PRECISE）。该项目旨在研发使能技术，增强作战人员的战场识别能力，侧重于增强机载雷达的对空/地目标的识别能力。

在精确实时战斗作战识别传感器项目中，研究人员将融合多种射频和光电传感器（如可见光、红外、多光谱和超光谱传感器），而且将通过信号处理、可选带宽、相似算法等，解决信号模糊问题，以提高远距离目标的识别能力。该项目提出的技术将集成在飞机上，以进

行飞行演示试验。

4. 德国亨索尔特公司将推出新型机载监视雷达

2月，德国亨索尔特公司表示正在研发 PrecISRTM 新型机载多任务监视雷达。PrecISRTM 雷达是一款软件定义雷达，扩展性强，结合了有源相控阵技术和数字接收技术的最新成果，精度和目标识别准确度高，可装备直升机、无人机和固定翼飞机等平台，用于监视海盗、海上走私和非法入侵，为武装部队和边防部队提供态势感知能力，响应时间极短。

由于采用软件定义和电子波束扫描技术，该雷达可同时完成多项任务，同时对数千个目标进行探测、跟踪和分类。由于设计紧凑，且所有部件都位于机身内部，该雷达比其他雷达系统更易于集成到空中平台上。目前，这款雷达正处于全面发展阶段，首台全功能机载原型样机计划一年内完成，2020年实现量产。

5. 美国通用原子公司"复仇者"ER 无人机完成23小时连续飞行测试

4月，美国通用原子公司"复仇者"ER 无人机在情报监视侦察任务设置中连续飞行了23.4小时，模拟了侦察任务。本次测试完成了连续飞行时间超过20个小时的测试目标，表明基线"复仇者"C无人机续航时间提高了1倍以上。

"复仇者"ER 无人机翼展增加为76英尺，增强了传统"复仇者"无人机的续航能力。雷达性能分析器可为长滞空 ISR 和精确打击能力提供最优平衡抉择，并支持大量的传感器和武器载荷执行 ISR 和地面支援任务。

6. 美国海军 MQ-4C 无人机将于2018年底部署至关岛基地

4月，美国海军航空系统司令部官员表示，海军前两架作战型MQ-4C 无人机将于2018年底前部署至关岛前沿部署基地，在太平洋区域执行情报监视侦察任务。按照计划，MQ-4C 无人机将于2021年形成初始作战能力，届时，无人机将具备信号情报功能，替代海军的 EP-3E 电子侦察机。

美国海军计划在每个前沿部署基地部署 4 架 MQ-4C 无人机，其中，1 架前往任务区域，1 架处于任务区域，1 架返回基地，1 架在基地处于维护状态。MQ-4C 无人机在任务区域将借助光电/红外传感器、雷达探测、识别和追踪水面舰艇。侦察数据将传回 MQ-4C 无人机作战基地，或将数据发送给附近的 P-8A 海上巡逻机。

MQ-4C 无人机的五个前沿部署基地包括：迪戈加西亚基地、关岛基地、梅波特海军基地、中东（具体地点尚未确定）、穆古角基地。两个作战基地包括梅波特海军基地、惠德比岛海军航空站。其中，前沿部署基地将用于无人机的发射、回收、维修，作战基地将用于侦察数据的分析、处理等。

7. 美国国防先期研究计划局寻求可快速识别威胁行为的自主系统

5 月，美国国防先期研究计划局启动"受监督自主性的城市侦察"（URSA）项目，利用无人机和传感器，分析可能隐含敌对意图的人类行为，代替目前士兵城市巡逻的方式。

该项目为期 36 个月，计划分为两个阶段实施，目标是使用无人机、一体化传感器与高级算法来识别威胁目标和非战斗人员，需要突破的关键技术包括：收集并整合多源信息；快速处理数据，获得对徒步士兵有用的数据；允许适当人为干预；跟踪并准确识别目标；使用现有硬件、软件、仿真设施和物理接口，降低成本。该项目还会进一步观测并分析相关人员对自然或人为刺激的反应，辅助推断受关注人群的意图。

8. 美国国防先期研究计划局测试快速自主侦察无人机

7 月 18 日，美国国防先期研究计划局演示了"快速轻型自主"（FLA）项目的算法研究成果。新算法可让小型商用无人机变身自主侦察机，在城市废墟里搜寻幸存者。该项目处在飞行测试的第二阶段，四轴飞行器可在模拟城市中穿行，通过窗户进入建筑物，自动绘制建筑物内部图像，为人员提供导航。

9. 美国雷声公司为 F-35 战机研发下一代分布式孔径系统

6 月，美国洛克希德·马丁公司授予雷声公司下一代分布式孔径系统（DAS）研发合同，将装备计划 2023 年交付的第十五批次 F-35 战机。DAS 通过安装在机身外的 6 个红外摄像头实时采集高分辨率图像，并发送到飞行员头显上，使其能 24 小时观察周边环境。该系统可 360°探测并跟踪威胁目标，提高飞行员的战场空间态势感知能力。

与现有系统相比，下一代 DAS 的性能提升主要体现在以下五个方面：一是全寿命周期成本节省超过 30 亿美元；二是运维成本降低超过 50%；三是可靠性提高 5 倍；四是性能提升 2 倍；五是新系统间接有利于提高飞机战备水平并降低地勤人力需求。

10. 印度陆军选定 SpyLite 无人机用于监视高海拔地区

9 月，印度陆军选择由 Cyient 技术解决方案与系统公司研制的 SpyLite 微型无人机，用于监视高海拔地区。它是在印度陆军组织的海拔 5486 米（18000 英尺）极端条件试验中，唯一能完成实时监视和目标截获任务的无人机。试验期间，该机展示了从自动发射到降落伞回收的快速发射/回收能力。同时，还展示了昼夜实时视频信息获取能力，在"无通信"情况下的自动返航并回收能力，以及操作人员在地面移动车辆中仍可控制无人机的能力。

（四）陆基情报监视侦察系统

1. 美陆军升级"爱斯基摩人"探地雷达系统

1 月，美国陆军合同管理司令部对"爱斯基摩人"车载探测系统进行升级。"爱斯基摩人"是一种反简易爆炸装置系统，可用来探测埋在路下的简易爆炸装置，能帮助陆军快速清除道路上的反坦克地雷、路边炸弹及其他简易爆炸装置。

2.美国空军研发软件定义无线电信号情报技术

5月，美国空军研究实验室与 Black River 公司签署价值930万美元的合同，用于信号情报软件定义无线电项目研究，包括实时收集、地理定位和信号开发利用，以增强美空军信号情报能力，该项目计划2022年5月前交付。

信号情报软件定义无线电项目将提供"改变游戏规则"的技术和算法，有助于在多普勒效应比较显著的中等和密集共信道环境下，识别、收集、处理、利用和操纵电子信号，并利用现有技术发展数字信号处理技术，满足作战人员在指挥、控制、通信、网络空间和情报能力方面的关键需求。

3.美国国防先期研究计划局开发地理空间情报分析平台

9月，美国国防先期研究计划局（DARPA）与笛卡尔实验室签署价值720万美元的合同，使其加入"地理空间云分析"项目研发。该项目的目标是在单个平台上收集开源和商业卫星数据，并开发出一种工具在该平台上构建和测试预测模型。

项目第一阶段，笛卡尔实验室将把实时卫星图像、天气模式、绿色能源运营、航运和其他领域等75个数据集统一集成至一个系统。项目第二阶段，将进行为期18个月的平台测试，根据测试结果开展项目评估。

4.美国空军将验收"太空篱笆"空间监视雷达

9月，洛克希德·马丁公司已在马绍尔群岛的夸贾林环礁完成了"太空篱笆"的建造与集成，5月开始跟踪太空目标。

该雷达是"太空篱笆"空间监视系统的主雷达，工作频段为S波段。系统的另一部为C波段雷达，位于澳大利亚西部安提瓜。该系统主要用于探测和跟踪中、低地球轨道目标，为美军太空监视网提供监视数据。洛克希德·马丁公司计划于2018年底交付该系统至美国空军，以进行测试验收，2019年初投入使用。

5. 美国菲力尔系统公司推出"黑黄蜂"车载侦察系统

10 月，菲力尔系统公司推出"黑黄蜂"车载侦察系统（VRS）。该系统基于"黑黄蜂"微型无人机设计，能使作战人员在不离开车辆的情况下保持态势感知、威胁探测/监视，并进行战损评估、预先部署、路线侦察和目标跟踪。该系统包含一个可安装在车辆外部的发射装置，并搭载多个"黑黄蜂"微型无人机。车内操作人员使用综合战斗管理系统或触摸屏发射并操纵"黑黄蜂"微型无人机。整个系统可与现代化战场管理系统集成。

（五）海基情报监视侦察系统

1. DARPA 开展海洋生物传感器项目

2 月，DARPA 生物技术办公室发布海洋生物传感器项目（PALS）。该项目旨在利用海洋生物（自然生物和改造后的生物）的生物感应能力，监测水下航行器，探测并告警在海峡、沿岸等重要水域发生的有关活动。

美国海军目前对水下目标的探测与监视方法是以硬件为中心的，但仅凭装备无法满足动态海洋环境的各种需求，而且需要集中大量资源。而 PALS 项目利用大量天然海洋生物，无须培训、改造和建造基地，适用于多处海域。项目组将重点考察海洋生物对这些平台存在的反应，并对它们产生的信号或行为变化进行表征，以便被传感器网络捕获、处理和转发。PALS 项目是为期 4 年的基础研究计划，重点研究领域包括生物学、化学、物理、机器学习、海洋学、机械和电气工程、弱信号检测等。

2. 美国航空环境公司展示"传感器—射手"一体化系统

4 月，美国航空环境公司成功演示验证"传感器—射手"（S2S）一体化系统。该系统由 RQ－20B"美洲狮"Block 2 小型无人机、"弹簧刀"巡飞弹、软件系统、Pocket 数字数据链和增益天线构成，可对海上、地面威胁目标进行监控和精确打击，增强海军舰船自动应对威胁的能力。

这种新型的"无人机—巡飞弹"组合，通过提前执行目标的识别和定位，极大地增强了 Switchblade 主动识别目标的能力并加快其参战速度；利用 Puma 无人机在整个过程不断更新目标位置，感应信息可以直接传输给 Switchblade 进行目标定位，大大减少了 Switchblade 操作员的工作量；在相应的计算机系统中，操作员可以通过视频同时监控 Puma 和 Switchblade 的作战过程，进一步提高其战场意识并减少操作失误率。

3. 法国中型护卫舰配备"帕西欧"超远程瞄准系统

3 月，法国海军为新型中型护卫舰（FTI）集成赛峰电子与国防公司"帕西欧"超远程瞄准系统。"帕西欧"超远程瞄准系统可为法国海军提供远距离识别能力和非对称作战能力，使作战舰艇在海岸线附近部署。该系统配有高清闭路电视系统，包括 1 台望远镜（测位仪）、1 部"塞迪斯"超远距离红外成像仪和 1 部视力保护激光测距仪。此外，还有 1 个短波红外频道保证该系统在雾天的性能。

4. 美国海军研制海上光电传感器

4 月，美国海军水面战中心与菲力尔系统公司签署 1070 万美元合同，将增购 168 个巡逻艇光电系统（PB－EOS），并包括相关电缆组件，以增强美国海军和海岸警卫队巡逻艇夜间作战能力。

PB－EOS 系统是 SeaFLIR 280－HD 海上成像系统的演变型，利用光学和热成像传感器对日光和微光摄像机成像，进行舰船探测、识别和威胁评估，可全天时识别和追踪威胁目标。该系统的主要任务是增强视觉图像，提高低能见度和夜间环境下的导航、海上侦听、沿海监视与探测、兵力投送与撤离、敌我识别、实时态势感知与威胁预警、侦察与监视、记录航行障碍等能力。

5. 美国康姆泰克系统公司为伊拉克海军提供海上监视系统装备

9 月，美国海军与康姆泰克电讯集团公司下属子公司康姆泰克系统股份有限公司签署 910 万美元合同，为伊拉克海军海上监视系统提供相关装备和相关服务。其中，包括热成像雷达、先进数字对流层散射通信系统和回传微波终端。美国通信网络能将伊拉克海军雷达和传感器的数据传送到美国海军伊拉克地区现有指挥控制设施。

6. 法国"戴高乐"号航母升级被动红外搜索与跟踪系统

10 月，法国"戴高乐"号航母升级被动红外搜索与跟踪系统（ARTEMIS）。该系统由泰勒斯公司研发，由固定在上层建筑的 3 个传感器构成，具有 360°监视范围，数据刷新速率比原系统高 10 倍。它可单独工作，也可与其他传感器协同工作，自动探测、跟踪并识别一系列空中、水面和地面威胁目标。

五 导航系统

2018 年，美、俄、欧、日持续推进卫星导航系统发展。美国各军种发展不依赖卫星定位系统（GPS）的导航定位装备，弥补卫星导航定位系统的不足，并取得了重要进展。

（一）加强卫星导航系统发展

1. 美国积极推进 GPS 导航系统发展

12 月，美国空军发射首颗 GPS – 3 卫星。GPS – 3 卫星是美军实现 GPS 系统现代化改进、提高导航战能力的重要目标，能够满足未来 30 年系统技术扩展和用户需求。GPS – 3 卫星相比现役 GPS 卫星，精度提高 3 倍，抗干扰能力提高 8 倍，信号功率更高，且更具经济可承受性。9 月，美国空军宣布向洛克希德·马丁公司授出价值 72 亿美元的合同，启动"GPS-3后续"（GPS-3F）系统研制工作，用于建造22颗"GPS-3后续"（GPS-3F）卫星。

美军加紧GPS下一代地面控制系统建设。美国空军在积极推进GPS-3导航卫星发射计划的同时，加紧下一代运行控制系统（OCX）建设。1月，美国政府问责局对下一代运行控制系统0批次进行评估，4~6月重新进入系统开发阶段。首颗GPS-3卫星将与下一代运行控制系统0批次的各组成要素互动，但仍使用原GPS运行控制系统。7月，下一代运行控制系统的监测站接收机成功通过认证测试。

美国陆军制定武器系统GPS接收机需求。10月9日，美国陆军可靠定位导航授时（A-PNT）跨职能小组表示，美国陆军正在起草新的武器系统GPS接收机使用规则，并将为操作这些系统的士兵制订培训计划。新的GPS接收机需求文件将陆军GPS需求划分为三类：乘车、徒步、态势感知。在乘车方面，将为车辆提供一种基于软件的综合PNT解决方案，能驱动车辆中需要PNT能力的所有其他系统，并实现组网；在徒步方面，单兵GPS接收机也将实现综合PNT组网系统；在态势感知方面，需要确保士兵能够理解他们所面临的威胁并在应对电子攻击时有所准备。

MQ-9B无人机配备GPS、"伽利略"卫星双导航系统。6月，通用原子航空系统公司宣布其"天空守卫者"（MQ-9B）无人机将可同时使用美国GPS和欧洲"伽利略"卫星导航系统进行导航，在单个导航系统无效的情况下可进行切换，此前，MQ-9B的初始版本完全基于GPS导航系统。

2. 俄罗斯维护"格洛纳斯"卫星导航星座

6月，俄罗斯利用"联盟"号火箭将一颗GLONASS-M导航卫星发射入轨，卫星代号"宇宙"-2527，编号756号，用于取代一颗发射于2009年、编号为734号的导航卫星。

3. 欧洲"伽利略"全球卫星导航系统初步实现全球覆盖

7月，欧洲在法属圭亚那发射场成功发射4颗"伽利略—完全运行能力"卫星，达到并超过可实现全球覆盖的星座基本配置（24颗卫星）。此次"伽利略"卫星的发射成功，表明第二批次22颗"全面运行能力"卫星完成发射。目前，欧洲航天局正在建造第三批次8颗"伽利略"卫星，在之前的"全面运行能力"卫星方案上进行了部分部件级别的更新设计，主要用于在轨备份和地面备份。

4. 欧盟启动双频多星座接收机项目，优化"伽利略"航空导航

3月，欧盟全球卫星导航系统管理局（GSA）正式启动"伽利略"卫星导航系统、GPS及欧洲地球静止导航覆盖服务（EGNOS）双频设备（EDG2E）项目。该项目为期4年，计划开发一种具有更强导航能力的机载双频多星座接收机，由泰勒斯公司牵头完成。该种接收机将利用美国GPS和欧洲"伽利略"定位系统信号、欧洲地球静止导航覆盖服务信号。项目计划于2021年进行原型演示验证，下一代接收机将在2025年装备未来飞机，以提供更加精确、可靠的导航能力。

5. 印度补发导航卫星，完善星座部署

4月，印度成功发射"印度区域卫星导航系统"（IRNSS）IRNSS–1I导航卫星，用于替换因原子钟故障而失效的IRNSS–1A卫星。该卫星是初始规划中的最后一颗备份卫星，携带了改进的铷原子钟。印度此次发射IRNSS–1I卫星，使"印度区域卫星导航系统"在轨卫星数量恢复7颗，重新实现满编组网运行。

（二）加快发展不依赖卫星的导航技术

近年来，为解决GPS信号易受干扰、被欺骗、覆盖范围有限等问题，美军高度重视发展新型定位、导航和授时（PNT）技术，美国国防先期研究计划局（DARPA）持续开展不依赖GPS导航技术研

究，美国海军开始部署下一代 PNT 分配系统，陆军积极为精确制导弹药和单兵装备开发新型不依赖 GPS 定位导航装备等，英国研发出世界首个量子加速度计。

1. 在战略层面高度重视发展不依赖 GPS 导航的技术

2018 年，美国国防部从战略高度多次提出重点发展不依赖 GPS 导航的装备和技术。8 月 9 日，美国国防部宣布组建天军计划，将 GPS 拒止环境下的定位、导航与授时作为八项重点发展的太空能力之一。8 月 30 日，美国国防部发布《2017～2042 财年无人系统综合路线图》，将 GPS 拒止环境下的解决方案作为十九项关键技术之一。12 月 27 日，国防部首席信息官办公室发布国防部 4650.08 号指令《定位导航授时（PNT）与导航战》，明确相关部门、机构职责，将 PNT 体系建设与导航战进行整合，确保 PNT 信息源的开发、获取、维护和运行使用，以及 PNT 信息系统相关的 PNT 信息安全性，为交付或使用 PNT 信息的相关流程、评估导航战能力等提供顶层导航作战政策。

2. 美国 DARPA 持续推进不依赖 GPS 导航系统发展

6 月，DARPA 发布"原子—光子集成"（A‐PhI）项目建议征集书，希望减小原子俘获高性能定位导航授时设备的复杂度，并研发一种原子俘获陀螺仪。A‐PhI 项目旨在演示验证紧凑型光子集成电路，替代高性能原子俘获陀螺仪和原子俘获时钟中的传统自由空间光学部分，且不影响性能。该项目聚焦两个技术领域：一是研发光子集成时钟样机，二是研发基于赛格纳克（Sagnac）干涉原理的原子俘获陀螺仪。

DARPA "对抗环境下的空间、时间、方位信息"（STOIC）项目 2018 财年执行经费 1563 万美元，开展了以下演示验证工作：一是基于甚低频定位系统的抗干扰实时演示验证，二是光钟部件长期稳定性的性能验证，三是利用战术数据链信号传输精确时间信息的实时演示验证。项目已进入第三阶段，2019 财年计划开展系统集成试验和海上外场实时演示试验，对空中和水上平台的接收器进行测试。该项目旨在探索使用甚低频信号在 GPS 拒止或降级环境中进行定位、导航和授时的可能性，已完成概念设计、行业研究、分析、建模、仿真、用于概念验证的数据收集、详细设计并开发样机系统等工作。

7 月，罗克韦尔·柯林斯公司开发出可融合其他传感器信息的"综合导航模块"，为美国 DARPA 和空军联合研制的"全源定位导航系统"提供可兼容接口，简化未来传感器与全源定位导航系统的整合，可在各种威胁环境中提供准确的导航能力。该综合导航模块已在公路、城市等多种复杂地形上进行了地面测试。

7 月，先进导航公司将为 Dynetics 公司的"小精灵"无人机提供小型 GPS 辅助的惯性导航系统（INS）和姿态航向基准系统（AHRS）。先进导航公司的"空间对偶"（Spatial Dual）是一款小型 GPS 辅助惯性导航和姿态航向基准系统集成，可在大多数工况下提供精准的位置、速度、加速度和指向等信息，集成了温度校准加速度计、陀螺仪、磁力计、压力传感器和双天线差分全球导航定位系统接收机。

3. 陆军为精确制导武器和地面无人系统开发不依赖 GPS 导航技术

美国陆军在发展新型精确制导武器、车辆、地面无人系统、单兵装备时，重点关注不依赖 GPS 导航技术，提高作战人员在强电磁对抗及恶劣战场环境中的生存能力和作战效能。

1 月，陆军向 BAE 系统公司授予合同，为 155 毫米火炮弹药研发在 GPS 拒止环境下仍可提供有效运行的精确导引装置，在弹丸飞行中提供弹道修正能力，提高打击精度和射程。该装置将兼容现役及试验中的弹药、推进剂和平台，如 M777 轻量牵引榴弹炮、M109 自行榴弹炮等。

4月，陆军、海军共同发布不依赖 GPS 打击移动目标的灵巧弹药原型开发需求。此型弹道将用于陆军或海军陆战队 M777A1 榴弹炮、M109A6 "帕拉丁" 和 M109A7 "帕拉丁一体化管理" 155 毫米自行火炮系统、"朱姆沃尔特" 级驱逐舰先进舰炮系统（AGS），以及其他未来海军舰炮系统。

9月，陆军评估并确定将 "远程精确火力" 项目作为现代化优先事项，并制订发展路线图，将不依赖 GPS 导航技术作为重要研究方向之一，其中包括研发下一代 "增程型榴弹炮"，采用在 GPS 拒止环境下仍可稳定运行的通信导航系统。

10月，陆军研究实验室开发出一种确定射频信号源的波达方向（DoA）新技术，使用户能同时定位 GPS 拒止区域内的人和机器人。该技术与传统依靠信号到达的相位或时间来估计波达方向不同，能有效应对多重散射效应，在接收机接收信号之前，即便存在遮挡物将信号散射到不同方向，仍可准确估算出信号源的方向。当信号噪声偏大时，估计器会显示波达方向不存在，而不是随便估计出一个错误的方向。除无须固定基础设施外，这项技术还无须提前感知环境、无须架设多个天线或对节点之间进行前期校准。

4. 海军增强型数据链导航系统通过飞行测试

美国海军积极发展不依赖 GPS 的飞机着舰导航系统。7月，海军增强型数据链导航系统（ELNS）原型通过飞行测试，可在 GPS 拒止环境下提供综合通信和导航服务。该系统由 L3 技术公司和 CTSi 公司联合开发，已在 152 条航线、15 架飞机中完成测试。增强型数据链导航系统可提供区域导航服务，在飞机整个着陆过程中取代 GPS，覆盖范围超过 50 海里（92.6 千米）。

5. 特种作战部队完成不依赖 GPS 导航技术验证

3月，美国特种作战司令部联合陆军快速能力办公室开展射频测距、原子钟系统、惯性导航单元等非 GPS 导航解决方案的多项测试活动，并积极征集作战人员的使用反馈意见。

6. 英国研制出世界首个量子加速度计

11 月 9 日，在英国国防科学技术实验室"未来传感和态势感知"项目、工程物理科学研究委员会、创新英国的资助下，帝国理工学院与 M Squared 激光系统公司联合研制出用于精确导航的量子加速度计，并在现场进行了演示。该量子加速度计是一套独立完整的系统，且便于机动，是世界首个可用于导航的商业化量子加速度计。M Squared 激光系统公司开发出高功率、低噪声和频率可调的通用激光系统，以对原子进行冷却，并为测量加速度提供"光学尺"。该量子加速度计可以计量物体速度随时间发生的改变，依据物体的起始点，计算出物体的新位置，有望用于船舶、列车等大型机动平台，或者用于探索暗能量和引力波等基础研究领域。

（三）舰载及水下导航系统

1. 法国海军集团为 FTI 护卫舰采购 iXblue 公司导航系统

1 月，法国海军集团向 iXblue 公司采购惯性导航系统和 Netans 数据分发处理装置，为 5 艘 FTI 护卫舰提供导航系统。iXblue 公司惯性导航系统基于光纤陀螺仪技术，可提供精确的位置、航向、横摇、纵摇和航速信息，并且不受环境影响，在卫星导航系统停止工作时仍可正常使用。

2. 美国海军 WSN – 12 惯性传感器模块通过关键设计评审

9 月，诺斯罗普·格鲁曼公司为美国海军研发的 WSN – 12 惯性传感器模块顺利通过关键设计评审（CDR），将试制 10 套。WSN – 12 将装备美国全部驱逐舰、巡洋舰、核动力航母和攻击型核潜艇，成为美国绝大多数作战舰艇惯性导航系统的核心，提高这些平台的导航精度。惯性传感器模块是 WSN – 12 的核心，包括惯性传感器、机电辅助设备和导航计算软件。舰（艇）载惯性导航系统负责测量、计算导航数据，并将姿态、速度和位置等信息分发给所有用户。

3. 荷兰皇家海军为"海象"级潜艇采购赛峰集团导航设备

2月，荷兰国防装备组织（DMO）与赛峰集团签订合同，采购西格玛40（Sigma 40）惯导系统和相关的计算机系统，用于"海象"级潜艇。西格玛40的核心组件是环形激光陀螺，已被全球40多个国家的海军采用。

4. 美国海军推出新型蛙人导航装备

9月，美国海军水面战中心巴拿马城分部（NSWC PCD）联合英国JFD公司研制出"暗影导航"先进蛙人导航模块。JFD公司表示，这款装备是军用市场首款免手操作的水下导航设备。"暗影导航"模块安装在潜水员的标准半面罩上，即便在零能见度条件下仍可为穿戴者显示清晰的罗盘航向、深度、时间等信息。这种安装在面罩上的头戴式显示系统，使蛙人不再受低能见度等恶劣环境的限制，并且无须携带战术浮板，具有体积小、成本低、功率低等优点，将为蛙人部队完成作战任务提供最佳安全保障。

5. 美国DARPA继续开发水下导航系统

美国DARPA深海导航定位系统（POSYDON）项目于2018财年完成了以下工作：一是开发用户设备；二是继续开发声信号波形和传播模型；三是开发用户设备海洋模型，以支持实时测距；四是演示验证抗干扰和反欺骗能力；五是利用水下无人潜航器追踪多个声源演示验证水下实时定位能力。下一步，该项目将进一步设计测试系统样机，以支持海军无人潜航器等平台实战。

六　电子战系统

（一）顶层明确电磁频谱作战的核心地位

1月，美国发布新的《国防战略》，明确电磁频谱在未来大国对抗中的核心地位。4月，众议院提交的《2018年联合电磁频谱作战战备法案》指出，电磁频谱优势是国防战略取得成功的核心，必须加快重构相对势均力敌对手的电磁频谱优势。

（二）通过装备升级改造满足作战需求

1月，美国空军对F-16战斗机AN/ALQ-211先进综合防御系统进行更新，进一步提高机载自卫能力。5月，俄罗斯西部军区"苏-34"轰炸机通过改进"希比内"电子战系统，提升飞机生存能力。6月，美国海军对E-2D预警机AN/ALQ-217电子支援措施系统进行升级，提高射频威胁识别定位能力。9月，美国海军着手对EA-18G电子战飞机作战飞行程序和AN/ALQ-99干扰吊舱进行升级，并为其开发机器学习算法，以快速识别和干扰敌方信号。

（三）研发部署新型装备提高电磁对抗能力

3月，洛克希德·马丁公司着手为美国海军研制HELIOS激光武器。该系统集激光武器、远程情报监侦与反无人机能力于一体，将极大提高态势感知和分层防御能力。5月，下一代干扰机增量1进入结构设计阶段，10月增量2研发启动。下一代干扰机将取代现役AN/ALQ-99吊舱，提供全频谱干扰能力，有效应对不断发展的各种威胁，确保未来数十年机载电子攻击的领先水平。10月，俄罗斯在主要战略方向部署16套最新型"萨马尔罕"电子战系统，包括加里宁格勒州、滨海边疆区、克拉斯诺达尔边疆区和白俄罗斯境内等。该系统能瘫痪敌方雷达、通信和导航设备，甚至能让"战斧"巡航导弹变成"回旋镖"。此外，俄罗斯正在研制的新型电子战飞机，将取代现役Ⅱ-22PP"伐木人"电子战飞机，更有效地干扰敌军飞机、无人机、防空系统和卫星。

国防电子技术篇

一　雷达技术

隐身飞机、新型导弹、高超声速飞行器等威胁目标的发展和电磁干扰环境的日益复杂，对雷达性能提出了更高的要求，促进了雷达新技术的发展。2018年，世界各国在合成孔径雷达卫星、防空雷达、激光雷达等领域取得了较大进展。同时，积极利用现有技术对老旧装备更新换代。此外，还在微波光子雷达、软件定义雷达、太赫兹雷达、量子雷达、多功能射频一体化等雷达新技术领域开展探索与研发工作。

（一）发展高分辨率、精确识别能力的合成孔径雷达卫星技术

1. 全球首颗微型合成孔径雷达卫星成功传回首幅地面图像

2018年1月12日，芬兰ICEYE公司于印度萨迪什·达万航天中心发射ICEYE-X1合成孔径雷达卫星。该卫星旨在及时获取可靠的地球观测数据。1月17日，该公司发布了由ICEYE-X1雷达卫星获得的第一幅雷达图像。

合成孔径雷达依靠自身发射无线电波，通过雷达接收到的回

波信号重构出测绘区域图像，有效解决了传统的光学相机由于云层覆盖等原因无法对地表某些区域成像的问题。ICEYE－X1合成孔径雷达卫星是芬兰ICEYE公司的第一个微型合成孔径雷达卫星项目。该卫星总线与雷达系统均由芬兰ICEYE公司自主研发并集成，在卫星尺寸和造价上取得了巨大进步。与传统的合成孔径卫星对比，ICEYE－X1雷达卫星质量仅为70千克，是全球首个质量低于100千克的合成孔径雷达卫星，单价下降到数百万欧元。同时，由于卫星价格低廉、体积重量较轻，可以一次发射数十到上百颗微型卫星围绕地球，当一颗卫星损坏时，可以由其他卫星补充，不影响观测效果。

2. 西班牙成功发射首颗合成孔径雷达卫星

2月22日，空客公司研制的PAZ雷达卫星于美国加利福尼亚的范登堡空军基地发射成功，进入距地球514千米的轨道。PAZ卫星搭载的先进有源合成孔径雷达，可提供灵活的反应能力，适应不同覆盖范围与分辨率的多种拍摄需求，全天候、全天时地采集影像。在完成为期5天的初期调试后，卫星移交给西班牙国家航天航空技术研究所（INTA）的地面控制中心。

PAZ是西班牙首个合成孔径雷达卫星，初始投资为1.6亿欧元，设计寿命为5年半，可同时为西班牙政府及商业应用服务。同时，该星与TerraSAR－X和TanDEM－X卫星组成了重访时间更短、获取能力更强的极高分辨率星座。此外，PAZ卫星采集的数据也将为欧盟"哥白尼"地球监测计划提供支持。

（二）探索应对新型威胁目标的新型防空预警雷达技术

1. 俄罗斯3部"沃罗涅日"型雷达进入作战值班

2017年12月，俄罗斯联邦武装部队3部"沃罗涅日"型雷达同时进入作战值班状态，分别部署在克拉斯诺亚尔斯克边疆区的叶宁塞斯克、阿尔泰边疆区的巴尔瑙尔，以及奥伦堡州的奥尔斯克，分别覆盖东北方向、东南方向，以及从塔克拉玛干沙漠至里海沿岸部分区域。

在完成这 3 部雷达的部署工作后，当前俄罗斯已组建成由 7 部新一代雷达组成的雷达网。其中，部署在列宁格勒、加里宁格勒、伊尔库茨克、克拉斯诺达尔地区的 4 部雷达已经进入作战状态，雷达网可以对导弹发射区域提供持续监视。俄罗斯国防部长谢尔盖在国防部年终董事会会议上宣称，俄罗斯已建立了历史以来首次可实现全范围覆盖的雷达预警探测网。

同传统预警雷达相比，"沃罗涅日"系列雷达具有比较明显的优势，主要包括：①研制成本大幅降低。"沃罗涅日"雷达单价为 1.17 亿美元，而"第聂伯"和"达里亚尔"雷达分别是 2.01 亿美元和 8.13 亿美元。②设备数量明显减少。"达里亚尔""第聂伯""沃罗涅日"等三种型号雷达站部署的技术设备数量分别为 4070 台、180 台和 30 台；而且，与以往雷达不同，"沃罗涅日"雷达采用风冷，无须发射器冷却用的蒸馏水制备厂。③建造时间大幅缩短。"沃罗涅日"雷达建造时间为 1.5~2 年，而"第聂伯"和"达里亚尔"雷达分别是 5~6 年和 8~9 年。④功耗明显降低。"沃罗涅日"雷达功耗为 0.7 兆瓦，而"第聂伯"和"达里亚尔"雷达分别是 2 兆瓦和 50 兆瓦。⑤操作人员大幅减少。"沃罗涅日"雷达的操作人员编制为 15~18 人，而"第聂伯"和"达里亚尔"雷达的人员编制分别是 39 人和 80~100 人。此外，"沃罗涅日"雷达采用固定式安装方式，虽然具有一定阵地重新部署能力，但其体积庞大，目标明显且无机动能力，易遭敌方的远程精确打击。

2. 德国亨索尔特公司推出 TRML-4D 防空雷达

6 月 24 日，德国亨索尔特公司发布了新款 TRS-4D 有源相控阵雷达的陆基版本。该雷达被命名为 TRML-4D，具有氮化镓全固态发射器、软件定义有源相控阵系统。雷达工作频段在 C 波段（北大西洋公约组织为 G 波段）。与 S 波段雷达系统相比，C 波段雷达系统具有更高精度。系统拥有较高精度，可增加包括雷达、指挥控制系统和操纵系统在内的整体系统对威胁目标防御的可能性。

TRML－4D 雷达可探测雷达散射截面积为 0.01 平方米的目标，最大作用距离为 250 千米，最小作用距离为 100 米。该雷达的"提示跟踪"功能能够在相控阵天线的一次旋转中确定跟踪目标，并在天线完成旋转后通过"回看"功能进一步获得目标跟踪信息。当天线第二次旋转时，可以第三次获取目标信息，以提高目标的跟踪稳定性。该功能对于防御弹出式目标很有用。它可以最少的扫描次数，完成较高的跟踪速率刷新，增加了武器系统反应的时间。

3. 以色列航空航天公司推出三坐标防空雷达

6 月 28 日，以色列埃尔塔公司在欧洲展览会上推出了 ELM－2138M "绿岩"防空雷达，该雷达采用四个有源相控阵实现 360°的全空域覆盖，在运动中也具备对空监视能力，将改变未来的战术防空和部队安全防卫的方式。

ELM－2138M 绿岩防空雷达体积小巧，可以安装在一辆悍马车上，多个相控阵天线使雷达无须旋转，便可实时对空中目标进行监视，探测运输飞机、高速战斗机、直升机、滑翔炸弹或无人机等空中目标，也可进行火箭弹、炮弹和迫击炮的探测，并实时准确地给出敌方火力的发射和弹着点信息。

该雷达采用相控阵脉冲多普勒技术，工作模式为多目标边跟踪边扫描，对极小目标探测距离可达 10 千米，方位覆盖范围为 360°，俯仰为 90°，具有高精度的发射/弹着点测量能力，只需 3 秒便能探测敌方发射的迫击炮，10 秒完成弹着点的计算并进行信息分发，从而引导和疏散己方作战人员远离火炮的威力区，将己方人员的伤亡率降到最低。

4. 俄罗斯先进机动式三坐标雷达在伏尔加区域服役

6 月，俄罗斯中部军区发言人称，俄罗斯第五代 Protivnik-GE 机动性三坐标防空雷达已开始在萨马拉防空兵团服役。

Protivnik-GE 雷达是伏尔加区域服役的首部机动式防空雷达。该雷达是高机动性、抗干扰分米波防空雷达，采用数字相控阵和数字空间信号处理技术，执行自动或半自动探测、定位和跟踪战略与战术飞机、巡航导弹、弹道目标和小型低速飞行器。该雷达还可以对目标进行分类、敌我识别、定位有源干扰器。当雷达作为自动防空与空军指挥控制系统的一部分时，可为战斗机指挥生成雷达数据，并为地对空导弹系统提供数据。

5. DRS 公司为美国海军提供额外5部 AN/SPQ－9B 导弹防御雷达系统

7 月，美国海军与莱昂纳多 DRS 公司签署价值 1910 万美元的订单，用于采购额外 5 部 AN/SPQ－9B 雷达系统及相关组件。2018 年 4 月，莱昂纳多 DRS 公司取代诺斯罗普·格鲁曼公司成为美国海军 AN/SPQ－9B 雷达的承包商，并获得了初始价值 6429 万美元的合同，用以为美国和日本建造 59 部 SPQ－9B 雷达。AN/SPQ－9B 是 X 波段脉冲多普勒频率捷变雷达，采用背接平板裂缝天线，主要用于低空补盲和对空中及水面目标的探测，具有与宙斯盾武器作战系统、MK 34 火炮武器系统、MK 48 火炮武器系统、协同作战能力系统的数字接口，可与舰载武器相连接，以帮助美国海军水面舰艇不受敌方反舰导弹的攻击。此次，增购合同将于 2025 年 1 月完成交付。

（三）探索扩展激光雷达的军事应用领域

1. 俄罗斯推出首架可搭载激光雷达的无人机

7 月，俄罗斯卡拉什尼科夫综合防御体下属 Zala 公司首次将激光雷达部署在无人机上，可更好地进行基础设施和地形勘察。激光雷达具备更好的态势感知和更快的数据收集能力，将激光雷达系统应用在无人机上，可获得现有地面或载人飞机技术所无法达到的侦察能力。塔斯社报道称，部署在 Zala 公司无人机上的激光雷达可更好地进行基础设施和地形勘察，这种方式是现有地面或载人飞机技术所无法提供的。激光雷达是具备更好的态势感知和更快的数据收集能力的关键要素。

2. 美国海军将装备机载激光探雷系统

7 月 23 日，美国海军 MH-60S "海鹰" 直升机搭载机载激光探雷系统（ALMDS），在演习期间扫描并探测到水下类似水雷的目标。ALMDS 系统采用大功率固体蓝绿激光器发射激光脉冲，并在一定的高度以相应的速度飞行。直升机下方的摄像机接收到水中的反射，经计算机快速处理后生成水雷的形状、尺寸和位置图像，可显示在直升机的控制台上，并提供摧毁水雷的选项。该系统没有使用机械化或拖曳式水雷探测系统，而是扩展了探雷的区域，使得近海战斗舰具有更安全的操作范围。

（四）利用先进氮化镓及有源相控阵技术换装及研发雷达

1. 洛克希德·马丁公司对引入氮化镓雷达的 "陆基宙斯盾" 系统开展测试

1 月，洛克希德·马丁公司将 "陆基宙斯盾"（Aegis Ashore）与 "远程识别雷达"（Long-Range Discrimination Radar，LRDR）相连，演示验证了系统的性能、效率和可靠性等。该测试表明，当前或未来 "宙斯盾" 系统版本可控制洛克希德·马丁公司的固态雷达，并接收目标跟踪数据。

"远程识别雷达" 基于氮化镓可扩展雷达组件，性能优异，将其引入 "宙斯盾" 系统，可获得多项技术优势，扩大态势感知范围，缩短预警时间。同时，引入 "远程识别雷达" 也将是对原 AN/SPY-

1雷达的低风险技术升级。升级后,多项系统性能将有所提高,包括:扩大探测距离,增大可同时处理的目标数量,提高目标拦截概率,提高对复杂陆地环境的抗干扰能力,减小对民用或军用无线电发射机和接收机的干扰,充分发挥新型"标准"-3 Block ⅡA导弹性能。

2. 首部陆基氮化镓AN/TPS-80雷达交付

7月26日,诺斯罗普·格鲁曼公司交付了第一部AN/TPS-80地面/空中任务导向雷达。雷达采用先进的高功率、高效的氮化镓天线技术,进一步提高系统的作战能力。该系统是提前交付的,也是第七部低速率初始生产的雷达系统。地面/空中任务导向雷达的后续低速率初始生产阶段和全速率生产系统阶段都将全部采用氮化镓技术,按照计划全速率生产阶段将于2019年初开始。美国海军陆战队是第一个接收融合先进氮化镓技术的地面多任务有源相控阵雷达。

地面/空中任务导向雷达是先进的有源相控阵多任务雷达,可提供全面实时360°的态势感知能力,能应对包括固定翼飞机、直升机、巡航导弹、无人自主系统、火箭、火炮和迫击炮在内的各种威胁目标。同时,它可在全球迅速部署,以满足美国海军陆战队的作战需要。利用最新的网络和数字波束形成技术,雷达能够执行多种作战任务,与美国海军陆战队现有雷达相比,它显著降低了系统操作和维护成本。

3. 诺斯罗普·格鲁曼公司为F/A-18C战斗机换装AN/APG-83有源相控阵雷达

8月13日,诺斯罗普·格鲁曼公司宣布已成功在海军陆战队的F/A-18C"大黄蜂"战斗机上安装了生产型AN/APG-83"可扩展敏捷波束雷达"。

AN/APG-83是F/A-18C/D战斗机雷达换装的一种低风险选择,可以与F/A-18C/D飞机既有的供电、冷却和航电系统集成,并满足美国海军陆战队对F/A-18C/D飞机尺寸、重量、供电和冷却的要求。

美国海军陆战队计划将大约 100 架 F/A-18C/D 飞机的机械扫描雷达换装为有源相控阵雷达。目前，雷声公司也计划利用其"雷声先进作战雷达"（RACR）等竞争美国海军陆战队 F/A-18C/D 飞机换装有源相控阵雷达的合同。

4. AN/TPQ-53雷达引入氮化镓器件

10 月 8 日，美国陆军与洛克希德·马丁公司签订修改合同，为 AN/TPQ-53 雷达升级氮化镓组件。AN/TPQ-53 雷达可快速部署在一辆 5 吨重的卡车上，自动调平，然后由远程操作或带有笔记本电脑的指挥车辆指挥执行任务，具有 360°或 90°两种工作模式，可探测、识别、跟踪和锁定目标位置，能够应对未来飞机、无人机和其他威胁目标。升级氮化镓组件将为雷达系统提升功率，提高目标探测距离，增加探测远程反火力目标等能力，并增强系统可靠性、降低生命周期成本。

5. 澳大利亚 CEA 公司推出陆基双波段 CEATAC 雷达

9 月 4 日，澳大利亚 CEA 技术公司展示了首款基于舰载有源电子扫描阵列（AESA）技术的陆基雷达原型——CEA 战术雷达。该雷达是专为澳大利亚棘蛇轻型装甲车所设计研发的。该雷达基于舰载 CEAFAR 雷达的技术基础，并更新换代了氮化镓组件。

6. 远程识别雷达实现关键技术里程碑

10 月 17 日，洛克希德·马丁公司远程识别雷达（LRDR）完成技术里程碑，实现了闭环模式卫星跟踪，降低了 2020 年按时交付美国导弹防御局的风险。

洛克希德·马丁公司利用产品硬件、战术后端处理设备、战术软件，在作战环境中成功演示了雷达系统的性能。雷达系统在作战环境下被执行一系列测试，其中包括闭环卫星轨道，演示验证了该项目的重大成熟度，这为 2019 年初开始的系统全速率生产奠定了基础。

远程识别雷达使用可扩展、模块化、氮化镓的雷达结构单元，除了具备先进的性能外，系统还提供了更高的效率和可靠性，以适应国土防御任务和不断变化的威胁环境。

（五）开展前沿新型雷达技术研发

1. 美国休斯研究实验室研发出太赫兹雷达编码孔径副反射面阵列

1月，休斯研究实验室在 DARPA "成像雷达先进扫描技术"（ASTIR）项目支持下开发出一种新型高分辨率、低功耗雷达天线阵列（编码孔径副反射面阵列 CASA），可用于太赫兹雷达，探测隐藏在人体上的武器、爆炸装置及自杀式炸弹等。该阵列采用数字合成波束扫描获取目标的高分辨率三维图像，雷达本身无须移动，通过数字化处理所收集到的目标反射波束的数据实现成像。CASA 雷达阵列可在低能见度情况下探测移动的人或车辆，并有助于直升机导航，可穿透尘埃、雾霾，全天候对着陆区域进行高分辨率成像（见表1）。

采用 CASA 雷达阵列的下一代成像雷达采用由主反射器和电子副反射器组成的复合天线结构（见图1）。主反射器提供足够大的孔径，以实现所需的分辨率。电子副反射器是一个可用来控制波束的平面电子反射面。它与单个雷达发射机/接收机相连，在视场内可提供高分辨率。电子副反射器可控制主反射器的点波束在整个主反射器覆盖范围内顺序扫描。其雷达接收机接收到目标回波信号后，采用合成孔径雷达处理等算法，产生完全聚焦的三维图像。

表1　下一代成像雷达与现有成像雷达的技术比较

类别	优点	缺点
合成孔径雷达	复杂度适中，2~8 通道	需要平台运动 二维成像
逆合成孔径雷达	复杂度低，单个射频通道	需要目标运动 二维成像

续表

类别	优点	缺点
采用机电扫描副反射器的成像雷达	采用简单的机械扫描，单个射频通道	成像速度低，机电部件体积大、重量重、功耗高；振动会干扰图像的形成
相控阵成像雷达	成像速度高，可部署在固定或移动平台上；三维成像	高复杂度，许多射频通道
下一代成像雷达	成像速度高，可部署在固定或移动平台上；三维成像；复杂度低，单个射频通道	有待讨论

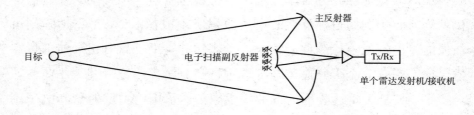

图1 下一代成像雷达结构

2. 美国海军计划升级软件定义雷达

1月5日，美国海军研究局发布了合成孔径雷达研发—资源项目征询书，旨在开发增强多波段合成孔径雷达（MB-SAR）作战能力的技术。该雷达由诺斯罗普·格鲁曼公司于2010年完成研制，已在美国海军多个先进探测项目中得到应用，如北极海冰测绘、反简易爆炸装置作战、特殊目标成像、对太平洋和格陵兰岛海域二战期间击落飞机定位。

MB-SAR雷达升级项目为期5年，主要内容如下：一是改进MB-SAR雷达天线子系统，延长和扩大雷达作用距离、频谱覆盖范围，减小尺寸，降低重量和功耗，使其适装于吊舱和不耐压的飞机隔舱内；二是开发并测试新的探测算法，用于单视、相干和非相干变化检测，并定位、跟踪移动目标，如低速移动人员及低雷达横截面的目标；三是开发新的合成孔径成像算法，用于目标定位、分类、干涉合成孔径成像，视频合成孔径成像，超精细分辨率成像，三维立体图像；四是研发用于压缩、数据集成和可视化的新软件，提高合成孔径雷达的探测和目标识别能力；五是计划为雷达开发深度学习和神经网络算法，使其自动适应不同的系统功能。

3. 加拿大滑铁卢大学研发量子雷达纠缠光子源

4 月，加拿大国防部为滑铁卢大学量子计算研究所和纳米技术研究所投资 270 万美元，用于开发量子雷达纠缠光子源，项目周期为 3 年。

滑铁卢大学使用量子照明技术来探测目标，该技术利用量子纠缠原理，即两个光子形成一个相互联系的纠缠对。发射时，量子纠缠雷达将其中的一个光子发往目标，而将纠缠对中的另一个光子保留在雷达本地。接收时，回波信号中的光子用作纠缠计数信号。量子纠缠机制允许抛弃噪声环境中的光子，这将显著改善雷达信噪比。为了将量子雷达在实际环境中部署使用，首先需要制造一种快速且满足需求的纠缠光子源——建立一个稳定的纠缠光子源，该光子源产生光子的速度将比当前装置快 1000 倍。这项研究是加拿大国防部全域态势感知（ADSA）计划的一部分，最终目的是将量子雷达从当前实验室阶段推进到加拿大北极地区等现实应用场景。

4. "海火"全数字雷达系统进入生产阶段

5 月 9 日，法国泰勒斯公司宣布开始生产"海火"雷达。该雷达采用了全数字、软件控制处理技术，并利用公司大数据和网络安全领域技术，以实现自适应探测目标，目标种类覆盖从缓慢移动目标到超声速目标，主要部署在法国海军未来护卫舰上。

"海火"雷达是全固态多功能雷达，拥有四个雷达阵面，具备了360°视场，可同时跟踪 800 个目标，对空探测距离达 500 千米，对海探测距离达 80 千米，具备远距离 3D 监视、水平搜索、对海监视能力，能预警常规和新兴空/海威胁，特别是超声速导弹，兼容"紫苑"中程防空火控系统和舰炮武器系统。

5. 雷声公司推进可同时执行雷达、通信和电子战任务的舰载天线研发

6月，美国海军研究局授予雷声公司综合防御系统分部 950 万美元的合同，开展灵活分布式阵列雷达（FlexDAR）项目研究，推进可同时执行监视、通信和电子战等任务的多功能射频系统，该项目是美国海军"集成桅杆"（InTop）项目的一部分。

按照合同规定，雷声公司将集成单元数字波束形成、网络协调和精确时间同步技术，以实现系统多输入、多输出操作，改善系统对舰载目标的探测、跟踪和电子防御能力。

6. 美军计划在夏威夷建造价值10亿美元的导弹防御雷达

6月，美军计划在夏威夷部署导弹防御雷达，以识别从朝鲜或其他国家来袭的弹道导弹威胁。该雷达系统将耗资 10 亿美元，用来识别攻击夏威夷和美国其他州的导弹弹头，并将收集到的信息提供给阿拉斯加的陆基拦截器，使其击落这些弹头。该雷达系统能够区分真假弹头，假弹头主要是用来欺骗导弹防御系统的。

到目前为止，国会议员已经拨款 6100 万美元用于项目设计。该雷达尺寸为 30～50 英尺宽、60～80 英尺高。它可能采用平面板的设计，像在阿拉斯加的谢米亚岛上的雷达，而不是像其他采用球形外观雷达那样。专家指出，雷达面板越大，区分弹头和诱饵的精确度就越高。

美国导弹防御局正在研究雷达可能的两个部署位置，它们均位于瓦胡岛的北岸。

7. 俄罗斯加紧微波光子雷达研制进程

7月，俄罗斯 RTI 集团正在研制小尺寸、轻重量、低功耗、可搭载在无人飞行器上的微波光子雷达。该雷达将部署在俄罗斯第六代战斗机上。RTI 集团将研制 X 波段微波光子雷达样机，根据样机的试验结果，确定主要设计方案。目前，RTI 集团正在创建首条激光器生产

线，同时也在积极寻找使雷达集成微波电路全生产周期本土化的方法。

微波光子雷达是将微波光子技术全面应用于雷达收发系统，在光域产生、处理、转换、传输微波信号。雷达工作原理：发射端，数字信号处理器输出的中频信号经电光转换后，在光域生成高频宽带微波信号，再经光电转化至微波域，通过天线发射；接收端，接收信号经电光转化后，在光域处理微波信号，再经光电转化为中频信号，输入至数字信号处理器进行处理及目标识别。

8. AN/SPY-6（Ⅴ）成功完成多目标跟踪演示

10 月，雷声公司 AN/SPY-6（Ⅴ）雷达在位于夏威夷考艾岛的美国海军太平洋导弹靶场成功演示探测、截获并跟踪多个目标，雷达系统展示了拦截过程中同时跟踪多种威胁以及弹道导弹的能力。

该雷达采用了数字波束形成技术，能够同时执行防空反导任务，并能有效对抗有源干扰和环境干扰，同时，是世界上首部采用氮化镓半导体收/发组件的舰载雷达。此外，利用开放式体系结构及模块化软硬件技术，适装于不同的舰船平台。

9. 萨博公司为"海上长颈鹿"雷达推出高超声速工作模式

10 月，萨博公司研制的"海上长颈鹿"雷达通过引进高超声速探测模式（HDM），提高了探测、跟踪超高声速飞行目标的能力。HDM以萨博公司下一代边跟踪、边扫描技术为基础，并优化了"海上长颈鹿"固定阵列装置，使其可在任意条件下跟踪包括隐形目标在内的目标。

二 军用通信技术

（一）新型卫星通信终端和通信方式

1. 美国国防部完成宽带卫星通信备选方案分析

6 月，美国国防部提交了宽带卫星通信"备选方案分析"（AOA）

报告。报告指出，美国国防部应当继续混合使用军用和商业卫星以满足其宽带通信需求，同时应当不断提高防护级别，以应对干扰及近年来出现的各种其他威胁。

2. 美国国防部发布首部移动用户目标系统的战术卫星通信波形双通道软件无线电台

6月，罗克韦尔·柯林斯公司宣布，其生产的 AN/PRC－162（V）1型软件无线电台是第一部通过美国国防部移动用户目标系统（MUOS）波形运行关键安全测试的战术地面无线电台。该电台是双通道组网的通信地面无线电台，含有多种波形（窄带和宽带），功能丰富，可实现高速移动 ad hoc 组网、点对点数据、话音通信、新一代卫星通信和最新的战区内 IP 波形通信。MUOS 是新一代特高频卫星通信系统，将实现与美国国防部全球信息栅格和国防交换网的连接，并可分发综合广播服务消息。

3. 美、欧开展卫星激光通信试验

美国完成首次立方星激光通信技术验证。8月，美国航空航天公司利用"光学通信和传感器验证"任务的2颗1.5U立方星，成功验证了星地激光通信技术。试验中，星地链路传输速率达100兆比特/秒，是目前同等大小卫星传输速率的50倍。激光器以硬装方式安装在卫星上，无须光束转向镜，简化了激光通信系统；卫星装有小型星跟踪器，姿控精度达0.025度，可精准定向激光。

欧洲"空间数据高速公路"（EDRS-A）成功实现1万次激光链接。5月，由欧洲航天局与空中客车公司合营、用于测试和改进低地球轨道和静止地球轨道之间通信的"空间数据高速公路"实现了超过1万次的成功激光链接，数据传输量超过500Tb，数据速率1.8吉比特/秒。

4. 美国海军军舰将装备便携卫星通信系统

7月，美国海军向莱昂纳多 DRS 公司授出价值1000万美元的合同，旨在为美国海军军舰制造可移动舰载上/下卫星通信系统（SCOSS）。SCOSS将为大/小型海军舰艇提供全面的安全网络连接，解决舰艇网络拥塞问题，在严酷环境下提供持续性高带宽通信能力。SCOSS可同时使用商业Ku波段和X波段，数据收发速率高达6兆字节/秒，与宽带全球卫星系统兼容，预计2019年交付美国海军。

5. 数据路线公司展出两种新型卫星通信终端

数据路线公司在2018年IBC大会上展出两种新型便携式卫星终端。一是QCT90卫星终端，直径90厘米，重量仅20.6千克，可军民两用。该系统由碳纤维构成，可单人携带，使用简便，坚固耐用。QCT90终端运行在X、Ku和Ka波段，支持各种行业内最流行的调制解调器，可以最大限度地利用高通量卫星（HTS）传输高清视频、捕捉实时感知数据，并提供高质量的语音和数据通信。二是CCT120轻型车载卫星通信终端，可在几分钟内快速部署实现语音、数据或视频传输，在运输过程中完全封闭，防风、防雨、防尘。CCT120终端提供模块化的X、Ku和Ka波段收发器，兼容多个卫星网络，天线的开放式馈电系统支持集成大多数Ku波段高功率放大器，输出功率高达400瓦，可集成在舱内或舱外。

（二）无线通信不断取得新突破

1. 军用无线射频通信速率突破100吉比特/秒

1月，美国DARPA"100G射频骨干网"项目在真实城市环境中完成地面演示验证（见图2），通信速率达102吉比特/秒，传输距离20千米。该项目旨在构建信息传输速率类似光纤网的射频通信链路，双向通信速率100吉比特/秒，带宽5吉赫，空—空通信距离200千米，空—地/海通信距离100千米（高度18千米）。该项目已耗资6700万美元，重点攻克了两个技术难题：一是经仿真确定71～86吉赫兹的毫米波通信频段，二是利用双向圆极化复用技术和多输入、多输出空间复用技术将带宽利用效率提高4倍。该技术一旦实用，可使无线通信速率较当前Link–16数据链提高4个量级，大幅增强美军远距离战术通信能力，为跨域实时共享情报监视侦察数据、提高综合态势感知和联合指挥控制能力提供有力保障。

图2　100G项目空地通信演示验证

2. 量子磁通信电台实现通信能力跃升

4月，美国国家标准与技术研究院（NIST）透露，正在研制一种基于量子物理的通信技术。该技术能使前线作战人员、船员等在无线电和卫星通信受限或无信号的地区实现通信和导航，如在城市峡谷、瓦砾下、建筑物内、地下甚至水下保持连接。研究团队使用原子磁力计作为无线电接收机，检测甚低频（VLF）数字调制信号。原子磁力计有一个内含铷原子的微型玻璃小瓶，铷原子被激光束照射，当受到低频电磁信号影响时，其自旋会发生变化，并由激光束感知。该技术开创了量子技术与甚低频无线电结合的新领域，在开发出量子磁通信电台原型后，将进一步研制生产型号。

3. 法国开展军用4G通信技术测试

4月，法国武装部队与法国国防部装备总署（DGA）合作演示了

4G 技术在通信、信息共享以及指挥控制领域的应用，利用 Atos 公司的 Auxylium 通信系统实现了包括空中客车防务及航天公司、比利时 FN Herstal 公司以及泰勒斯在内的多家公司设备的互联互通。该通信系统能够无缝连接民用 4G 和军用 4G 移动网络。通过该通信系统，指挥官可使用平板电脑指挥军事行动，无人机能够按照预先设定的路线飞行，士兵可以利用触摸式手表发起紧急呼叫，支持车内、车外通信，大幅增强了军用通信安全性，且适用于各种地形。

4. 美国联邦通信委员会加速5G 移动通信网络部署

9 月，美国联邦通信委员会通过新规定，简化地方政府对小基站的审批流程，加速 5G 移动网络在美国的部署。随着 5G 网络商用化的加速，各类军用移动终端除接入军中战术通信网络外，也可以直接利用 5G 网络，进行加密数据通信，为军队提供"广覆盖、高速率、强兼容"的空地一体化备份通信能力，有效提升战场的信息化保障能力。

（三）软件定义技术提高通信网络适应性

1. 美国空军开发军用级直接射频数字转换软件无线电

4 月，美国国防部发布了创新研究计划，其中包括美国空军的"军用级直接射频转换软件无线电"项目。该项目将利用开源方法，开发一种军用版本的直接射频转换软件无线电，应用于核攻击后的指挥控制领域。相关技术成果有望大幅优化美军的军事通信架构。

此项目计划分为三个阶段：第一阶段将确定军用级直接射频转换软件无线电的性能、设计与成本，提出风险及应对策略；第二阶段利用开源体系架构，设计软件无线电并开发相应的射频采样、直接转换与数字信号处理算法，并在合适的频段（可以用于挑战性环境的频段），演示现代军用波形的调制解调与编解码性能；第三阶段将研究系统的军民两用应用，包括核攻击后指挥控制区域的军事通信，以及可直接用于蜂窝电话的应用。

2. 美国空军研发软件定义无线电信号情报技术

5月，美国空军研究实验室与"黑河"公司签署价值930万美元的合同，用于信号情报软件定义无线电项目研究。该公司将发展先进的软件定义无线电技术来维持信号情报能力，包括：探测、识别、表征和定位新兴通信和低功耗信号的技术；为新系统和波形开发数字信号处理软件；为远程收集系统开发软件和硬件架构；将这些能力整合到信息作战和收集系统中；描述密集信号环境下机载或地面平台上认知软件定义电台的特性。该项目将为当前已装备的系统增加新的网络空间能力，同时开发自动化信号处理框架，形成快速信号处理和网络空间能力。

3. 美国陆军发展双通道软件定义无线电台

9月，美国陆军向哈里斯公司和泰勒斯防务公司授出双通道领导者软件无线电台合同，计划采购1540部领导者无线电台和338套车载系统。该电台具有以下特点：一是具有可分别执行不同通信任务的两条信道，使地面指挥官在一个通信信道受到干扰时能切换到另一个信道；二是支持在上、下游指挥链上完成交叉频带通信；三是可通过多个波形提供数据和话音通信，有效支持电子战；四是具有可扩展性。双通道领导者无线电台有望成为美国陆军综合战术网络中的重要组成部分，支撑实现美国陆军网络现代化总体战略。

（四）开发水下网络通信技术，满足水下通信需求

1. 美国国家标准技术研究院研制可用于水下通信的量子传感器

1月，美国国家标准技术研究院（NIST）研究表明，量子无线电能在手机、无线电信号难以抵达，甚至完全拒止的地方（如峡谷、水下和地下）实现通信和测绘功能。量子传感器具有磁场灵敏度强、通信距离远、通信带宽大的潜在优势。国家标准技术研究院基于铷原子量子特性研制出磁场传感器，成功检测数字调制磁信号，并实现通过改变磁场来调制频率。下一步计划改进发射机，并研制、测试 I 型量子磁力计，提高传感器灵敏度，扩大低频磁场信号检测范围，以更好地抑制噪声、扩展有效带宽。

2. 美国劳伦斯伯克利国家实验室提出利用轨道角动量提高水声通信容量

7 月，美国劳伦斯伯克利国家实验室发现利用声波传播产生的动态旋转（即轨道角动量）携带信息，可以提高某一特定频率的通信容量。虽然多路复用技术已广泛用于电信和计算机网络，但多路复用轨道角动量从未用于声学通信。在声波传播过程中，波前会形成螺旋状或漩涡状波束，利用这种波束的轨道角动量形成的空间自由度可进行数据编码。即使波束频率保持不变，不同轨道角动量的信道、旋转的速度都会不同，使这些信道保持相互独立。这种能力有望将水声通信能力从纯文本信息传输提升到高清视频信息传输，推动海洋探索、研究以及水下态势共享能力的发展。

3. 麻省理工学院开发新型水下—空中通信技术

8 月，美国麻省理工学院开发出"平移声学—射频通信"技术，混合使用声呐和雷达，克服水和空气对通信的限制，将数据从水下信号源传输到空中，使潜艇与飞机直接通信。该技术通过声呐装置向水面发送声波，在水面形成微小振动。在水面之上，机载极高频雷达（30～300 吉赫）捕捉水面的微小振动信号，将信号解码恢复。该技术尚处于早期研发阶段，开发出的原型系统传输速率只有几百比特/秒，却是水下对空通信的重要里程碑。应用该技术的潜艇无须浮出水面即可与空中飞机通信，极大地提高了潜艇隐蔽性。

4. 林肯实验室开发水下窄束激光通信原型

8 月，美国林肯实验室开发海底激光通信原型，利用窄束激光，克服激光在海洋中的衰减和散射，使潜航器之间进行精确的对准通信

（见图3）。研究团队在泳池中对两个原型系统进行了测试，验证了两个潜航器可有效搜索并定位对方，A终端在检测到B终端信标后，可在不到1秒内锁定并建立激光通信链接，传输速率达千兆比特/秒。

图3　林肯实验室水下激光通信

5. 日本将基于时间反转技术的水下通信技术列为大型研究项目

8月，日本防卫装备厅公布2018年度军事技术基础研究项目，其中排名第一的大型研究项目为"基于时间反转技术的长距离、多输入多输出的无线通信技术"。该技术将通过时间反转，补偿多个水下传播路径、多输入多输出通信中的延迟效应，通过频率复用提高通信容量。

三　军用计算机技术

（一）超级计算机技术稳步发展

1. 美国能源部启动18亿美元超算计划

4月，美国能源部发布关于超算研制的征求建议书，计划投入18亿美元于2021～2023年研制两台新型E级（百亿亿次级）超算系统，以便部署到橡树岭国家实验室和劳伦斯利弗莫尔国家实验室。征求建议书称，可能在2022～2023年间对已有超算系统进行升级并开发"极光"后续系统。其中，"极光"为能源部首台在研E级超算系统，其研制始于2017年6月，计划2021年在阿贡国家实验室上线运行。美国能源部部长佩里表示，这些新研超算系统有助于美国在高性能计算领域保持领先地位，推动美国在寻找和研发下一代新材料、解读和破解高能物理数据、预防癌症、加速工业产品设计、核安全等方面取得突破。征求建议书中提及的项目资金将由美国能源部科学办公室和美国国家核安全局联合提供。

2. 美国"顶峰"超算登顶超算排行榜

6月，美国能源部橡树岭国家实验室发布新一代"顶峰"超算系统，夺得世界超算TOP500排行榜首。"顶峰"由美国IBM公司研制，内含4608台计算服务器，每个服务器包含两个22核Power9处理器和六个Tesla V100图形处理单元加速器，具有高达每秒20亿亿次（200P级）的浮点运算速度峰值，比此前超算榜首的中国"神威·太湖之光"峰值性能（每秒12.5亿亿次）高约60%。美国能源部部长里克·佩里表示，"顶峰"的发布使美国向"2021年交付E级超算"的目标又迈进了一步，它将在能源研究、科学发现、经济竞争力和国家安全等方面产生深远影响。

3. 美国将建造世界上最大的采用ARM处理器的超级计算机

6月，美国惠普公司与桑迪亚国家实验室和能源部合作建造世界上最大的基于ARM处理器的"Astra"超级计算机。该超级计算机基于惠普公司"阿波罗70"系统，采用了Cavium Arm V8 - A 64 - bit Thunder X2处理器。"Astra"由2592个双处理器服务器构成，核心数超过14.5万个，理论峰值计算能力达每秒2.322×10^{15}次。整个系统的功耗为1.2MW，由惠普公司MCS - 300冷却装置冷却。"Astra"超级计算机将安装在桑迪亚国家实验室的扩建部分，为美国国家核军工管理局提供先进建模仿真能力。

4. 日本发布可用于下一代 E 级超算的核心处理器

8 月，日本富士通公司正式发布 A64FX 处理器，该处理器兼具超低功耗、高可靠性，是该公司计划于 2021 年推出的下一代超算系统"Post-K"的核心部件。"Post-K"是超算 TOP500 排行榜第 16 位"京"的后续型号，运算速度将是"京"的 100 倍、当前第一超算"顶峰"的 10 倍，约 200 亿亿次（达到 E 级标准）。目前，富士通公司正联合日本理化学研究所为 A64FX 处理器和系统开发软件，预计到 2021 年，富士通将开发出一整套高性能计算软件组件，包括Linux、C/C＋＋和 Fortran 编译器、调试器、MPI、OpenMP、数学库、资源管理器和 Lustre 等。

（二）军事专用计算机技术

1. 莱昂纳多 DRS 公司签署"车载计算系统Ⅱ"生产合同

6 月，莱昂纳多 DRS 公司与美国陆军签订了为期 5 年、价值8.413 亿美元的不定期、不定量交付合同，为其生产名为"车载计算系统Ⅱ"的下一代任务指挥计算系统。根据合同，莱昂纳多 DRS 公司将为美国陆军提供可拆卸平板电脑、处理器、扩展坞、键盘、中继电缆以及多尺寸加强型日光可读多点触控显示器。"车载计算系统Ⅱ"可提供一系列通用的互易性强的网络计算机和触控显示器，利用高性价比商用现货技术，实现以平台为中心的战术任务指挥所需关键任务的可靠性。同时，该系统也能结合自身强大的安全增强功能，满足当前和未来极为苛刻环境中关键任务可靠性的需求。

2. 美国空军要求雷声公司为机载 GPS 接收机提供可信计算升级

8 月，美国空军与雷声公司签署合同，为空军的高精度机载全球定位系统升级可信计算部件。美国空军要求雷声公司在小型机载全球定位系统接收机 2000（MAGR－2000）中使用可靠的专用集成电路

（ASIC），提高可信计算能力。MAGR - 2000 是模块化 GPS 接收机，可访问 GPS 卫星所特有的加密军事定位信号，当前主要搭载于 F/A - 18 "大黄蜂"战斗攻击机、VH - 3D 总统直升机以及 V - 22 "鱼鹰"倾转旋翼机等军用飞机中。雷声公司将利用经美国国防部审查的 ASIC 芯片提高 MAGR - 2000 的可信计算水平，保护系统免遭电子干扰、网络攻击、极端环境影响和其他安全威胁。预计雷声公司将从 2020 年 5 月开始交付相关订单。

（三）新一代计算技术不断取得突破

1. 美国发现可改善低功耗计算与存储能力的新器件

1 月，美国明尼苏达大学与宾夕法尼亚州立大学合作，首次在拓扑绝缘体—铁磁体双层中确认了单向磁致电阻现象的存在，并证实相比重金属，拓扑绝缘体能在 - 123.15℃下将磁致电阻的性能翻倍，同时降低磁阻随机存储电子单元在读数据时的能量消耗。该研究将改善未来机器人芯片、三维磁存储器等半导体器件的低功耗计算和存储能力。

2. 日本研制出 1.3 微米量子点激光器

5 月，日本东京大学首次成功研制发射波长 1.3 微米的电泵浦硅基砷化镓/砷化铟量子点激光器。该激光器的砷化镓由分子束外延技术直接在同轴硅衬底上生长而来。研究团队认为，该激光器有助于推动硅光子学"解决下一代计算的低带宽密度和高功耗等金属布线问题"。目前，与纯粹的砷化镓基激光器相比，这种硅衬底量子点激光器的砷化镓缓冲层质量较低、台面宽度大，未来需要进一步优化砷化镓的生长过程。

3. 俄罗斯研制出光子超级计算机

7 月，俄罗斯联邦核中心全俄实验物理科学研究所研制出光子超级计算机，并取得相关专利。这种光子计算机由电和光两部分组成，计算过程建立在激光辐射脉冲的相互作用上，而不是建立在电子元件的工作上。运算时，机器代码（即一组指令）转换为激光脉冲。光子通过波导进入光子处理器，激光脉冲在这里发生相互作用，然后完成与电子计算机相同的逻辑运算。接下来，激光束离开处理器，返回计算机的电子部分，光信息转换成电子信息，供用户使用。该计算机每秒可执行5万兆次浮点运算，峰值功率100瓦，能耗是同等速度电子计算机的万分之一。

4. 美国提出基于过渡金属二硫化物的计算机新方案

10月，美国佐治亚州立大学提出基于过渡金属二硫化物构建计算机的方案，有望使计算机的运行时标达到飞秒量级。与当前计算机处于纳秒级的运行时标相比，该方案有望将计算和存储速度提升数百万倍。研究人员发现，在过渡金属二硫化物的六角形晶格结构中，电子因位置不同而呈现两种不同自旋状态，并引起拓扑共振效应，该效应可用于信息处理。过渡金属二硫化物的种类很多，研究人员下一阶段将筛选出可用于计算的最理想过渡金属二硫化物材料。

四 网络空间技术

近年来，以美国为代表的一些军事大国，在网络安全领域开展了长期、大量的技术创新活动，已形成多项革命性技术成果，引领了网络安全技术的发展。2018年，网络空间攻击、防御、测评等技术领域都出现了大量新进展。

（一）攻击领域

2018年，一些重大网络安全漏洞给网络空间安全带来持续威胁，美军积极发展标准化网络作战平台和相关武器系统，对各类黑客的网络攻击也加大了威慑力度。

1. 网络安全漏洞给网络空间安全带来持续威胁

（1）"永恒之蓝"漏洞持续造成影响

3月，美国研究人员发现了名为 RedisWannaMine 的加密攻击方案。该方案可以利用"永恒之蓝"漏洞，感染 Windows 服务器，并且黑客可以利用此方式获得虚拟货币。

"永恒之蓝"（EternalBlue）原本是美国国家安全局（NSA）的漏洞，2017 年被黑客组织"Shadow Brokers"（影子经纪人）公开披露。数据安全公司 Imperva 表示，这个最新的攻击方案与大多数已知的加密攻击主要有以下三点不同：首先，最新的攻击方案比大多数已知加密攻击方案要复杂得多；其次，新方式展现出了类似于蠕虫病毒的行为；最后，新方式还结合了高级攻击技术以增加对目标服务器感染的成功率。虽然 Imperva 公司并没有明确透露攻击的规模，以及哪些系统可能遭到利用，但是如果服务器管理人员没有对已知的漏洞做补丁安装，那么服务器随时可能会遭到攻击。

此外，"永恒之蓝"漏洞还会被用于进行 WannaCry 勒索软件活动，后者曾在 2017 年导致全球范围内的网络瘫痪。2018 年 8 月，台积电公司位于台湾新竹科学园区的 12 英寸晶圆制造厂和运营总部也遭到了 WannaCry 的攻击，其部分生产设备受到病毒感染。具体现象是电脑蓝屏，各类文档、数据库被锁定，感染程度因工厂而异。经过台积电公司的应急处理，受影响生产设备随后逐步恢复了生产。台积电以往因遭遇病毒袭击而生产线停摆的情况也有过，但都是小规模的，像这样三条 12 英寸的生产线，包括生产设备和检测设备都中招的情况却从未发生过。台积电的芯片代工业务全球市场占有率高达 56%。专业人士表示这次的攻击行为可能会造成芯片受损，从而会对部分智能手机的产能造成影响。

（2）研究人员发现计算机芯片漏洞"熔断"和"幽灵"

2018 年，来自谷歌、宾夕法尼亚大学、马里兰大学、奥地利格拉茨技术大学和澳大利亚阿德莱德大学的研究团队，以及来自网络安全公司 Cyborgs Technology 和兰巴斯（Rambus）的研究人员发现，近年来生产的绝大多数计算机芯片存在两个安全漏洞——"熔断"和"幽灵"。其中"幽灵"可能影响到所有个人计算机、移动设备和云服务器。

"熔断"和"幽灵"可利用现代计算机处理器中的关键漏洞，使一些软件程序获取当前计算机处理的数据。通常情况下，正常的程序无法读取其他程序存储的数据，但恶意程序可以利用这两个漏洞来获取存储在其他运行程序内存中的私密信息，例如存储在密码管理器或浏览器中的密码、个人照片、电子邮件、即时消息甚至商业秘密文件。

2. 美军重视网络武器系统研发

（1）美国网络司令部打造"统一平台"网络武器系统

8月，美国国防部公布了一项名为"统一平台"（Unified Platform）的网络武器系统采购计划。该计划是美军网络司令部成立后，最大、最关键的采购项目，国防部公布了该计划前三年的预算，分别为2019 年 2980 万美元、2020 年 1000 万美元、2021 年 600 万美元，但项目的总预算暂时保密。项目的集成和运营由美国空军装备寿命管理中心负责，洛克希德·马丁、诺斯罗普·格鲁曼、雷声等军工巨头竞相参与投标。美军意图通过这个标准化的作战平台，整合所有分散的网络作战系统，打造网络司令部独有的通用体系化军事网络作战平台，满足网络任务部队的作战需要。

"统一平台"系统是一种可以携带网络攻击和防御武器、在网络空间自由穿梭的标准化平台，作战人员可以对其实施指挥控制，执行攻防作战、情报获取、侦察监视等任务，该系统类似于海上的航母、空中的飞机和陆地的坦克，因此又被称为"网络航母"（Cyber Carrier），是美军为网络任务部队在网络空间执行作战任务打造的主战装备。美军之所以大力发展"网络航母"计划，主要基于以下考虑。

首先，满足美军的作战需要。美军网络空间作战的基础设施和装备建设远远滞后于部队建设，由于没有独立的作战系统，网络司令部还需要使用国家安全局（NSA）的基础设施和平台执行任务，这种受制于人的作战条件严重制约了网络司令部的有效作战能力。美军虽然建立了网络司令部以统一指挥网络作战力量，但各军兵种网络任务部队的武器系统互不兼容，难以相互配合进而形成合力，这给后勤保障带来了较大负担。

其次，满足隐形需要。美军希望以网络战装备系统的研发为抓手，引领网络任务部队作战人员思维转变，强化部队训练的标准化和常态化，加速人员从原来的通信和信息技术保障岗位向作战战位转型，真正把网络空间转变为与陆、海、空、天同级别的独立作战域。

最后，满足美军的长远需求。在美军国防预算分配和后勤保障中，制式标准化的武器装备，可以为网络空间作战领域争取到更多的作战岗位编制和计划性资金，有利于网络任务部队的长期发展。

"网络航母"是美军发展新一代网络武器的典型代表，除了作为统一的作战平台，也是美军先进技术应用的载体，结合美军其他领域的类似项目，"网络航母"应具备以下三种能力。

一是可以适应不同类型的操作系统环境及网络架构，利用踩点、Ping 扫描、端口扫描、操作系统辨识、漏洞扫描、查点等技术手段，跨越和突破不同网络之间的防火墙、入侵检测、路由网关、身份认证等一系列网络安全措施，实现在网络空间的自由飞行。

二是能够搭载病毒、木马及其他具有攻击性的网络软件，执行任务时，指挥人员可通过远程遥控，指挥"网络航母"利用携带的软件武器打击目标。

三是随着人工智能的发展，网络作战武器的智能化水平必将不断增强，为了应对结构复杂、规模庞大的网络系统，"网络航母"将拥有自复制、自组网、自感知、自保护、自消亡等自我决策能力，为作战提供灵活的部署和攻击方式。

"网络航母"作为美军作战概念与先进技术相结合的产物，将成为夺取制网权、抢占网络空间战略制高点的又一利器。

（2）美国陆军积极投资"网络子弹"研发

美国莱多斯公司在 3 月底召开的 AUSA 全球军力研讨会上，展示了部队可以通过安装在大型 MQ－1C"灰鹰"无人机上的干扰吊舱来挖掘 IP 地址、拦截通信，甚至操纵敌人的信息。这类武器被定义为"网络子弹"，即让各旅级部队都拥有先进的战场网络能力，且无须经过冗长的审批流程和网络运营商的远程协助。这种网络武器还可以与电子战在战术层面融合，从而为战术指挥官提供更大的灵活性。

这种干扰吊舱技术通过对所有的本地接入点进行扫描，允许操作员识别该区域的情况，并尝试进入可能感兴趣的网络。美军方可通过这种暴力攻击的方式获得网络的密码，进入网络内部，查看网络中的所有设备和数据，还可以拦截甚至篡改敌人的内部信息。这种能力与伊拉克战争中使用的网络攻击能力相似。

在伊拉克战争期间，美国国家安全局的黑客通过进入叛乱分子的手机和电子设备，为飞行员提供更精确的目标位置信息，或者伪装成可信来源的设备向叛乱分子发送虚假消息。现在与当时技术的不同主要有：一是信号情报方面，现在用基于数据驱动的无线网络取代了当时基于信息驱动的语音信号连接；二是操作人员方面，当时进行操作的往往是秘密机构，现在这种能力可以提供给旅级指挥官。

3. 美国持续关注其选举系统遭到俄罗斯网络攻击

8月，在白宫举行的新闻发布会上，美国国安局局长兼网络司令部司令表示，美国正努力提供情报、信息支持和技术专长，以防止外国干预美国选举。特朗普政府正致力于将俄罗斯干涉美国竞选活动的影响降至最小。

在此之前的5月，美国田纳西州选举网站遭到了网络攻击，此次网络攻击并未对选举结果产生实质性的影响，但是该网站瘫痪了大约一个小时，并造成选民之间的混乱，且官方不清楚这些拒绝服务攻击的来源。该网站收到了来自约100个国家的访问请求，且请求最多的是加拿大、英国和智利。另外，来自乌克兰和英国的源地址还试图利用过网站中的系统漏洞。剑盾企业安全公司已经解决了发现的漏洞，并采取了其他网络防护措施。

7月，美国发布的起诉书指控俄罗斯官员在总统竞选活动中参与入侵了美国计算机网络。其行动在2016年3月全面展开，俄罗斯军官通过冒用从美国中部剽窃来的名字参与攻击克林顿竞选团队电子邮件账户。首先试图通过发出貌似谷歌安全通知的信息，从而进入目标数据库。这种谷歌通知看起来是合法的，但事实上是一个俄罗斯情报网站的链接。然后，俄罗斯黑客偷走了5万多封电子邮件，并向高级竞选官员发了数量更多的假邮件。

目前，尚未确定美国国安局是否被授权对俄罗斯的干预采取攻击性网络行动，其对美国选举系统受到的若干干扰持保守态度。

4. 三名Fin7黑客组织成员面临美国司法部指控

2018年，最具影响力的黑客组织之一——Fin7组织的三名成员被逮捕，美国司法部指控其利用网络钓鱼技术和社会工程漏洞进行复杂的黑客活动。

Fin7是近年来最复杂、最具攻击性的黑客组织之一，由数十名拥有不同技能的成员组成，其主要目标是餐饮业、酒店业和博彩业的高交易量业务，通过盗取客户数据和信用卡号码的销售点系统，并在网上出售被盗的信用卡号码，从而获得巨额利润。该组织影响范围很广，包括美国47个州和哥伦比亚特区的计算机网络系统。FireEye的高级经理表示其影响力堪比拥有海量资源的国家级黑客组织。

被逮捕的三名成员都是乌克兰人，分别在德国、西班牙和波兰被拘留。该组织运用以下策略造成毁灭性后果：首先，以确定高频率的销售点交易业务为目标。其次，利用互联网上公开的信息，向员工发送一系列包含恶意信息的电子邮件，借助邮件中的恶意程序窃取信用卡号码。再次，一旦目标被感染，Fin7定制的恶意程序就可以控制网络，随后将更多恶意软件植入目标电脑。最后，特意利用并改编了一种名为Carbanak的恶意软件，从而可以通过截屏或视频监控受害者的电脑。

Fin7集团的三名成员目前已经被捕，该组织的未来走向尚不明确。但从这次逮捕可以看出美国司法部正越来越关注网络攻击犯罪。

（二）防御领域

近年来，在网络防御技术领域，以美国为代表的技术强国开展了长期、大量的技术创新活动，引领了防御技术的发展。2018年，美国国防先期研究计划局（DARPA）、国防部、各军种、工业界等在防御技术领域创新点频出，具体动向如下。

1. DARPA在网络空间领域的最新技术进展

（1）大规模网络狩猎"CHASE"

DARPA和BAE系统公司正在开发一种以人工智能为支撑的新型网络安全技术"大规模网络捕猎"（CHASE），以对抗那些意图避开现有防御系统的复杂网络攻击。

目前的网络防御主要面临着企业网络的规模和分布式结构特点这两个挑战。最前沿的商业工具也无法直接解决网络防御所面临的规模和速度问题，主要受限于监控的内存容量和速度，因此大型企业网络中近80%的传输数据无法被检测。DARPA同样面临这些挑战，其网络搜索团队的负担过重，只能查看过滤收集的一小部分数据。此外，网络攻击方对网络防御链十分了解，会构建新的工具进行攻击，通过将其攻击编入不太可能被网络防御者标记为高优先级的数据流从而隐藏攻击痕迹。

DARPA将此技术称为"自适应数据收集"，它通过过滤网络技术人员无法追踪的大量信息开展实时的调查研究。"CHASE"项目寻求开发自动化工具来检测和描述攻击痕迹，发现正确的关联数据，并采取网络保护措施。"CHASE"使用计算机自动化、高级算法和更高的处理速度实时跟踪大量数据，使网络"猎手"能够发现隐藏在大量输入数据中的高级网络攻击。"CHASE"研究将专注于一些能够加速网络搜索的方法，在正确的时间从正确的设备提取正确的数据。"CHASE"项目将使用机器学习技术，目的是建立自动化过程，通过模式识别、背景关联、新旧数据比较来组织和分析信息。CHASE还将应用新的计算机自动化方法来实施保护措施。

"CHASE"项目的研发周期为3年，项目的早期工作将利用机器学习的优势，使用计算机自动化处理大量信息，以挫败通常使用的恶意软件、网络钓鱼和拒绝服务攻击，以及那些更缜密、更复杂的攻击。

（2）人机结合探索软件安全"CHESS"

4月3日，DARPA正式启动"人机探索网络安全"（CHESS）项目，旨在融合人工和计算机网络防御系统，发挥两者各自的优势、规避局限性，达到两者结合超过各自作用之和的效果。

"CHESS"计划是将自主和半自主的网络安全系统与人类网络专家结合，旨在解决计算机不擅长解决的一些抽象问题。虽然计算机在发现漏洞和排除基于逻辑及数学问题的攻击方面远超人类，但人类在遵循更复杂的规则集（如语言的语法）问题上更准确。"CHESS"项目计划耗时 42 个月，重点从 5 个技术领域寻求创新方案：人机协作，漏洞发现，进攻性的态度，控制团队，集成、测试和评估。"CHESS"项目将使美国面对未来可能发生的网络攻击的防御能力更加强大。

（3）"安全文档"（SafeDocs）项目

8 月 9 日，DARPA 宣布启动"安全文档"（SafeDocs）项目，旨在研发一种能够自动检查并安全打开电子文档或消息的技术。当前，随着实时电子数据交互量的不断增加，电子数据的格式（如文本、图片、视频、地图）越来越多，验证这些电子数据的来源和可靠性变得非常困难，用于处理电子数据的软件也很容易出错或受到恶意网络攻击。在这一背景下，DARPA 启动该项目。该项目将重点开展两项研究：一是开发用于捕获和定义人类可理解的、机器可读的电子数据格式描述符的方法和工具；二是创建用于构建安全、验证分析器的软件构建工具包。该技术一旦被应用，可在不影响现有电子数据格式关键功能的情况下，从根本上提升软件识别和拒绝无效或恶意电子数据的能力。

（4）美国公司将在 DARPA 支持下开发新型硬件安全解决方案

4 月 4 日，DARPA 授予 Tortuga Logic 公司合同，后者负责开发新型的仿真平台安全解决方案。

该公司将专利硬件安全模型与商业仿真平台相结合。商业仿真平台是硬件设计师在验证的最后阶段使用的电子系统，可全面测试运行完整软件堆栈的整个芯片设计。通过整合，硬件设计师可提高其识别安全漏洞的能力，尤其是在制造芯片或部署现场可编程门阵列（FPGA）之前，更有效率地找到设计中的潜在安全因素。

通过 Tortuga Logic 公司的帮助，DARPA 通过"硬件和固件集成的系统安全性"（SSITH）计划的参与者将更早获得针对仿真平台的安全解决方案。SSITH 计划旨在开发硬件设计架构和技术，以加强商业和国防电子应用系统的安全性。

2. 美国国防部网络防御技术最新进展

（1）国防信息系统局接手网络防御软件"Sharkseer"

7月，美国国防部将恶意防范软件"Sharkseer"转交给美国国防信息系统局。"Sharkseer"能够监视可能感染国防部网络的电子邮件、文件和传入的通信流，自动分析测试可疑文件，能够立即、自动确定发送或接收恶意软件的计算机主机的身份和位置。其主要运用了人工智能技术扫描传入的通信流以寻找漏洞，最终能够保护美国国防部网络免受"零日攻击"。"零日攻击"主要指的是针对"零日漏洞"的攻击，即漏洞被发现后立即被黑客利用并遭到攻击，这类漏洞从被发现到被黑客利用的时间间隔已经缩减到了数天。"Sharkseer"的使用将会有效增强美国国防部的网络防御能力。

（2）国土安全部正投资机器学习项目以防范针对金融领域的攻击

7月2日，美国国土安全部（DHS）宣布其正在投资机器学习和自动化技术，以防范金融领域的恶意软件攻击。该部门向 Cyber 20/20 公司投资了20万美元，扩展了一种可以检测和消除网络攻击的开源沙箱——Cuckoo（布谷鸟）的功能。Cyber 20/20 公司利用人工智能来应对恶意软件，通过"沙箱"将一部分操作系统放入一个封闭的环境中，以防止恶意软件的扩散，进而消灭病毒。同时，其还具有"反沙箱"功能，可以消除有意绕过沙箱的恶意软件。

这项技术能够提高网络防御能力，还有助于 DHS 硅谷创新计划的推进，该创新计划旨在向员工不足200人的美国和国际公司投资最多80万美元，作为其种子资金，以提高机场的乘客服务能力，同时确保无人机系统及物联网设备的安全。

3. 美国各军种网络防御技术最新进展

（1）海军研究处致力于研究更快的密码算法

2018年，美国海军研究处（ONR）将一份小企业创新研究合同授予 Galois 公司，旨在开发一个平台，用于加速新密码算法的开发和测试，从而让国防和企业领域的密码专家更快、更方便地达到其所需要求。该平台建立于国防和智能应用程序的工具和技术之上，可以验证加密软件的正确性，有助于消除漏洞，并确保加密软件符合性能要求。一旦工具完成研发并通过测试，Galois 将致力于将工作台集成到政府安全框架中。此外，该公司还计划为自行开发加密软件的行业合作伙伴提供该平台。Galois 公司表示，这些密码工具还可以用于加速发现各种新功能，如同态加密、基于属性的加密和世界各地研究机构及大学的后量子公钥算法。

（2）陆军无人机装备人工智能系统增强网络防御能力

1 月，美国陆军宣布与 Stryke 工业公司及其分包商蝎子电脑服务公司签订合同，对其无人机作战体系进行人工智能升级。通过将人工智能系统添加到通用地面控制站，将帮助无人机在正常运作的同时提高网络安全。

通过在陆军现有的无人机系统中增加蝎子人工智能系统场景生成器（也称 ScenGen）来帮助亚拉巴马州亨茨维尔红石兵工厂的运营商控制 MQ－1C 灰鹰等无人机快速形成网络防护能力。ScenGen 主要有以下优势：第一，速度快。可用于战争规划、内部系统测试和自动回归测试。它能够以惊人的速度工作，每 90 分钟就相当于人类 250 年的工作量。第二，应用范围广。基本上能考虑到可能发生的一切活动。第三，应变能力强。其对网络攻击反应迅速，能够迅速检测和保护系统的每一个接入点。

在安全性方面，ScenGen 的最佳数字保护措施是 ScenGen 本身，而且其他安全措施已经到位，以防止人工智能系统整个落入敌人之手。其源代码从未连接到互联网，并且处于"锁定与加密"状态。而且，服务于用户的代码只在被授权的特定领域工作，所以用于无人机的代码不能用于直升机。在没有蝎子公司两名高级成员授权的情况下，没有人可以移动该人工智能系统，因此它具有很高的物理安全性。此外，即使有人掌握了这个系统，他们也不知道如何使用。该系统不使用 C＋＋或 Java 等传统的编码语言，而是选择使用自己开发的语言，运营商需要多年才能完全学习。

（3）陆军寻求"IT 盒子"工具来加快网络防御方案流程

5 月 16 日，美国陆军网络卓越中心指挥官约翰·莫里森在马里兰州巴尔的摩举行的 AFCEA 防御性网络作战研讨会上表示，如果需要574 天才能批准一项网络空间请求，那么行动尚未开始军队就已经没有竞争力了。在网络这样一个动态的"战场"上，这种工作方式不可行。正是在这样的背景下，美国陆军正在寻求一种新型结构来获得网络防御能力，旨在应对网络上的高级威胁。通过利用一种名为"IT 盒子"（IT Box）的合同工具，陆军希望能将时间从 500 多天缩短至 30 天。

"IT 盒子"是这样一种流程：当网络保护团队有需求时，填写一份需求表格，要求提供可满足这一需求的广泛能力（而非解决方案）。收到请求后，将在 10 天内通过其他交易协议发送给工业界寻求合同。随后，在提出请求后的 20 天内，通过一场类似"创智赢家"（美 ABC 电视台著名现场融资节目）的活动，聚集工业部门提出想法，陆军选择其中最能满足需求的解决方案。随后，将进行原型制作，并在 30 天内进行业务评估。

"IT 盒子"通过将需求下放至更低级别，简化需求流程；提供更大的灵活性，以融合不断发展的技术并实现更快的响应，简化潜在的采办流程，具体情况由决策机构自行定夺。"IT 盒子"还可以用于采办或修改商业或政府的现成技术，更多地应用于软件而不是硬件解决方案。

4. 工业界网络防御技术最新进展

（1）英特尔推出修复了安全漏洞的全新芯片

3 月，英特尔公司宣布，为应对 2018 年早些时候披露的硬件安全漏洞而全新设计的电脑芯片将于 2018 年下半年发货。这款全新设计的芯片可有效防止"崩溃"和"幽灵"等硬件漏洞引发的安全威胁。而这两种硬件漏洞可能使全球数百万台计算设备陷入被黑客攻击的窘境。

2018 年早些时候被披露的"崩溃"和"幽灵"漏洞在科技界引起了极大震动，由此产生了一系列针对英特尔公司的诉讼。美国国会还专门为此事对英特尔公司进行了调查。尽管英特尔公司已向大多数计算机设备发布了安全补丁，但安全专家表示，这些漏洞比以往出现的漏洞更难以处理，因为它们涉及的是硬件，而不是软件。英特尔公司已经发布了面向该公司过去五年所推出产品的软件更新，这些更新可针对两种硬件缺陷对产品实施相应保护。英特尔公司建议每个用户都能确保系统始终保持最新状态。

尽管英特尔推出修复了安全漏洞的全新芯片，但针对在市场上大量存在以及投入使用的有漏洞芯片，英特尔没有做出硬件上的修复措施。因此，对使用现有英特尔芯片的用户来说，其被攻击的风险仍然存在。

（2）美国 Cybereason 公司发布免费网络防御工具

6 月，美国网络安全公司 Cybereason 发布了一款免费网络安全防御工具 RansomFree，可以保护人们免受各种各样的勒索病毒攻击，如 WannaCry、Bad Rabbit 和 NotPetya 等。专家表示，这种免费工具可帮助每个计算机网络实现基本的网络安全要求，帮助美国网络战士专注于自身工作，而不再担心以民众为中心的攻击。因此，重视这类免费工具越来越重要，RansomFree 工具正是应 FBI 要求而研发的，旨在让互联网拥有一个更安全的环境。

（三）测评领域

2018 年，美军非常重视对武器装备和系统的网络安全漏洞测评，同时积极推动安全测试环境和资源建设，主要动向如下。

1. 美国国防部寻求通过漏洞奖励计划测试敏感私有系统

5 月初，美国国防部发布"众包漏洞发现和披露服务功能区域 II"信息征询书，寻求与一家商业漏洞赏金公司合作，目的是对国防部的众多网络、系统和信息进行全面的测试、漏洞发现和披露（包括私有系统），测试对象包括整个国防部的封闭网络、网络应用、软件、专有源代码、软件嵌入式设备或其他通常不能通过公共互联网访问的私人或内部系统。

美国国防部做出这一行动的主要动机有三点。第一，为了应对当今不断变化的网络安全形势。由于维护国防部网络和系统的安全性和完整性是国家安全问题，不断识别和修复可能被恶意网络行为者利用的漏洞，是国防部必须重视的工作内容。第二，有助于国防部推动在技术领域的创新。国防部可以通过确定一个新兴的需求以利用各种创新型信息安全研究人员的力量，通过众包项目发现漏洞、协调和披露活动。众包是一种现代商业惯例，通过奖励来刺激创新以解决实际问题。第三，这是国防部近些年来漏洞悬赏项目的延续。近年来，国防数字服务处（DDS）与 Synack 和漏洞悬赏平台 HackerOne 供应商共同举办了五次 bug 奖励活动。2016 年 4 月至 2018 年 4 月，国防部及各军种多次与 HackerOne 合作，以"入侵"方式，发现有效漏洞。

项目中需要重点注意的有以下三个部分。

第一，平台方面。研究人员通过承包商平台上的安全入口，对各种敏感互联资产以及非互联网连接的资产进行可审计的众包漏洞发现和披露活动。资产包括封闭网络、软件嵌入式设备、专有源代码或通常不能通过公共互联网访问的其他私有或内部系统。通过受控环境或存储库中的安全平台，对托管在承包商基础架构上的内容进行测试。承包商网络出入口必须记录或提供 IP 地址，并记录用户的键盘输入等数据。该平台必须有一个机密的网络出入口，能够完整获取数据包，以实现审计和研究人员活动的持续监控。

第二，项目所面临的挑战。小范围和时间可控的众包活动预计涉及 50～100 名研究人员，较大范围的众包活动涉及近 200 名参与者。众包活动预计将持续 2～4 周，或视任务而定。估计有 50～150 名研究人员进行广泛的持续众包工作。时间可控的众包活动将持续 12 个月或依据任务订单而定。

第三，参与项目的研究人员。与当前和未来的研究人员进行有效沟通和协调，以确保参与者在相应任务执行期间内获得流畅的体验。在漏洞生命周期的每个阶段与研究人员进行沟通，包括初始接收、矫正和确认/奖励。对研究人员证书的存储和分发进行安全管理，对需要信任连接的资产启用远程漏洞发现和披露活动。确保漏洞发现和披露过程能够遵守处理漏洞数据的通用国际标准。确定适当的奖金数额以支付研究人员，并提供适当的税务文件。

2. 美国情报先期研究计划局加大网络攻击预测研究投入

8 月 14 日，斯泰西迪克森被任命为美国情报先期研究计划局（IARPA）的负责人，在她就任情报研究主任当天，便强调要应用机器学习算法来预测网络攻击的重要性。"第五域网站"的一项分析显示，在美国情报先期研究计划局 2018 年宣布的新挑战项目中，超过一半涉及机器学习算法和预测分析技术。该机构在预测分析程序研发上投入了大量资金，并已经产生了一些预测模型来预测网络攻击。其中一个自动化系统是基于网络恶意行为者的对话和社交媒体上网络安全专家的帖子进行分析。在预测网络攻击方面，这项研究的准确率达到了 84%。另一个预测模型是基于网络历史攻击数据，它比其他系统的效率高出 14%。但斯泰西迪克森认为，预测工具需要反复测试，以免误报。

3. 美国海军陆战队首次对军用车辆进行网络攻击测试

2 月 9 日，美国海军陆战队在彭德尔顿基地营完成了首次针对轻型装甲车（LAV）的大规模敌对网络测试。当今的车辆平台将车辆控制从纯粹的机械化改变为数字化，因此所面临的攻击面显著增加，为了识别LAV系统内的网络漏洞，美国海军研究人员在模拟过程中发起了针对车辆的破坏性网络攻击，并通过海军陆战队战术系统支援行动（MCTSSA）的网络安全评估方案深入了解网络漏洞以及此类漏洞对潜在任务的影响。但海军陆战队称测试结果是保密的，拒绝就具体情况发表言论。

4. 美国海军研究生院发布网络安全训练游戏

4月，美国海军研究生院（NPS）的学生创建了一款名为"CyberWar：2025"的电脑游戏，以便参与者了解网络安全战略，获取经验。这款游戏运用《联合出版物 JP 3 - 12：网络空间作战条令》中规定的基本概念来规划、准备执行和评估联合军事行动范围内的网络空间行动。玩家应用计算机网络中的攻击性和防御性操作来捕获服务器节点。玩家捕获节点即获得积分，使用积分可以产生更高级的效果。这款游戏可以加强玩家对网络基础设施、威胁人员、攻防操作以及网络空间运营等方面的理解。目前，NPS已将该游戏列入了网络安全课程。

5. 美国国防部授权四家公司开发网络训练平台组件

6月，美国国防部向 ManTech、Simspace、Metova、Circadence 四家公司授予合同，开发国防部网络训练平台组件。美国陆军管理的网络司令部持久训练环境（PCTE）能够为网络战士提供个人训练和集体训练的平台。目前，没有任何系统可以为网络战士提供持久的训练，而通常是在大型年度演习上测试学习情况。PCTE 是 2018 财年的主要网络采办项目之一。美国陆军在五项不同的挑战赛上颁布模型奖，以激励建成更大规模的平台。目前美国政府所扮演的角色是不同能力的集成者，PCTE 的发展是一个持续的建设与反馈过程，该系统将于8月进行首次培训，9月发布反馈结果。每个月合作伙伴都会与利益相关方合作探讨反馈结果来加以改进。

五　光电子技术

2018 年，光电子技术在激光器、光电探测器、光电显示和光电集成等领域继续呈快速发展势头，其重点和热点主要体现为：硅基激光器性能越来越好，制备方法多样化；高功率、高性能、小型激光器不断涌现；砷化镓基铟砷锑薄膜成功制备，将推动第三代红外探测器发展；石墨烯光电探测器取得重要突破；发光二极管效率不断提升；65 纳米平面体硅、14 纳米 FinFET 与 CMOS 实现光电子集成。光电子技术将继续在侦察与遥感、夜视与观瞄、火力控制、精确制导、通信、惯性导航、光电对抗和激光武器等军事领域发挥重要作用。

（一）激光器

1. 韩美联合研制出能发射超快光脉冲的纳米石墨烯基光源

2 月，韩国庆熙大学、美国哥伦比亚大学将石墨烯封装在六方氮化硼中开发出电驱动超快光源。石墨烯中的电子与六方氮化硼中的光学声子发生强耦合，在石墨烯—六方氮化硼界面处形成声子极化激元，实现高效近场热传输；弱声学声子耦合与电子自身的运动，使得器件能快速冷却，实现高速调制。与通过热传导的散热方式相比，该器件的散热速度提高了几个数量级。此次研制的电驱动石墨烯基光源能产生明亮、稳定的可见光和近红外光，带宽高达 10 吉赫兹，脉冲持续时间为 90 皮秒，寿命至少为 4 年，有望用于光通信系统。

2. 德国启动"高能中红外激光器"项目

4 月，德国联邦教育与研究部投入 150 万欧元，启动为期三年的"高能中红外激光器"（HECMIR）项目。该项目旨在开发并演示辐射波长为 1.9 微米、可在焦耳范围内提供高激光能量的二极管泵浦固态激光器。该激光器将为材料加工、基础研究等应用提供理想光源。

3. 日本成功实现硅基砷化镓量子点激光器

5 月，日本东京大学采用分子束外延技术，在硅衬底上制备出电注入砷化铟/砷化镓单片量子点激光器。该激光器辐射波长为 1250 纳米，半峰全宽为 31 毫电子伏，最低阈值电流密度为 320 安/厘米^2，可在室温下工作。这项技术为制备单片硅基光源提供了新思路，有望解决 COMS 工艺集成中金属布线引起的低带宽密度、高功耗等问题。

4. 美国利用光波—声波耦合开发出新的硅基激光器

6 月，美国耶鲁大学利用光波和声波耦合放大光波，在单晶绝缘体上硅晶圆上制作出新的激光器。这种硅基激光器采用了悬空环形波导谐振腔实现激射。悬空环形波导谐振腔长 4.6 厘米，能严格限制光波和声波，最大限度地发挥光波与声波间的相互作用。悬空环形波导谐振腔存在两种不同的光传输通道，使研究人员能以可靠、灵活的方式影响光—声耦合。这项研究为研发硅基光电子器件开辟了新的技术途径，有望开发新的高性能光电计算系统（见图 4）。

图 4　硅基光—声耦合激光器激射

5. 美国提出稳定高功率激光器的新方法

8 月，在美国海军研究局和空军科学研究办公室支持下，伦敦帝国理工学院、耶鲁大学、南洋理工大学和卡迪夫大学提出稳定高功率激光器的新方法。研究人员设计出 D 型微腔，在光反弹区域产生波混沌，并使用波混沌或者无序微腔干扰光学细丝的形成，使激光保持稳定。新方法能承受高功率激光，同时激发多个空间模式，提高半导体激光器的功率光束质量。此外，新方法还能满足材料加工、大型显示器、激光手术以及光探测和测距遥感系统等对高功率激光器的需求。

6. 新加坡采用纳米半导体圆柱研制出超紧凑激光器

9 月，新加坡科学技术研究所利用驻波实现光增强，开发出纳米半导体圆柱阵列微型激光器（见图 5）。该激光器的优点如下：一是可以很容易地控制狭窄光束的方向；二是纳米半导体圆柱分布稀疏，激光器是高度透明的。这种激光器首次在非金属结构中实现激光发射，未来，研究团队将开发电激励式激光器，以实现商用。

图 5　纳米半导体圆柱阵列微型激光器激射

（二）光电探测器

1. 美国成功实现砷化镓基铟砷锑薄膜制备

2 月，美国石溪大学利用异质层状结构设计，克服了晶格失配难题，在砷化镓衬底上外延生长出响应波长 8~12 微米、少数载流子寿命 185 纳秒的铟砷锑薄膜，为研制高性能、低成本长波红外探测器开辟了新的技术途径。以砷化镓为衬底有望实现铟砷锑薄膜的大规模、高质量、低成本制备，促进其在高灵敏度、大面阵、低成本长波红外探测器中的应用，推动导弹预警、空间遥感、情报侦察、精确制导、夜视观瞄等装备的发展（见图 6）。

0.93 微米 $InAs_{0.54}Sb_{0.46}$
0.48 微米 $In_{0.35}Al_{0.65}Sb$ 虚拟衬底
2.55 微米组分线性渐变 $In_xAl_{1-x}Sb$ 层
2.50 微米锑化镓冲层
0.53 微米砷化镓缓冲层
砷化镓衬底

图 6　砷化镓基铟砷锑薄膜异质层状结构

2. 石墨烯光电探测器取得重要进展

2 月，在 2018 年世界移动通信大会上，意大利、比利时和德国演示了世界上首个全石墨烯光通信链路。该链路单通道数据传输速率达 25 吉比特/秒。同时，瑞典演示了首个超快石墨烯光开关原型，可用于数据传输速率达 100 吉比特/秒的通信链路，将推动 5G 通信技术的发展。

6 月，在美能源部支持下，加州大学洛杉矶分校采用金片—石墨烯纳米条结构制备出高性能光电探测器。该器件工作波段为可见光至红外光，响应时间比量子点石墨烯光电探测器至少提高了7个数量级，工作速度提高了1个数量级，为宽波段、高灵敏度、超快光电探测器制备提供了新的技术途径（见图7）。

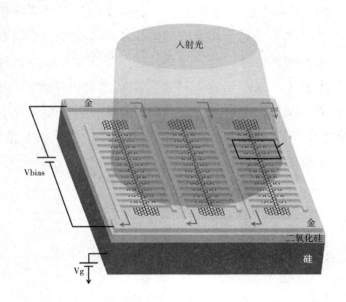

图7　宽波段、高灵敏度、超快石墨烯光电探测器

9月，西班牙光子科学研究所和美国耶鲁大学利用石墨烯等离子体与光子共振耦合，开发出工作频率达吉赫兹的室温、高效中红外探测器。研究团队在由化学气相沉积法制成的石墨烯晶圆上，制备出与石墨烯纳米带相连的石墨烯盘等离子体谐振腔。当波长为12.2微米的中红外光照射在该探测器上时，可在石墨烯盘等离子体谐振腔和石墨烯纳米带表面观察到高光吸收响应率。

3. 俄、印制备出世界首个氧化镓日盲紫外光电探测器

8月，俄罗斯、印度采用离子注入技术在氧化铝掩埋层中制备出氧化镓纳米晶体，并结合叉指电极制成日盲紫外光电探测器。氧化镓日盲紫外光电探测器工作波段为250～280纳米，响应率高

达 50 毫安/微瓦，叉指电极长 300 微米、宽 40 微米、间隙宽 40 微米。该技术为研制下一代超高灵敏度日盲紫外光电探测器提供了途径。

（三）光电显示

1. 德国开发出 LED 量产新方法

7 月，德国欧司朗光电半导体有限公司公布了"大型晶圆和面板 LED 增值链整合大批量生产"项目研究成果。研究团队提出平面互连技术：采用薄的扁平金属连接取代了键合线，使得表面发射器移至表面封装。与传统 LED 不同的是，采用平面互连技术制备的新 LED 可以更直接地发光，亮度高、成本低。该项目由欧司朗光电半导体有限公司联合弗劳恩霍夫集成系统和器件技术研究所、弗劳恩霍夫可靠性和微集成研究所，于 2014 年 12 月至 2018 年 2 月开展。此项目还是"光子工艺链"计划的一部分。

2. 韩国首尔伟傲世发布紫外发光二极管组件

8 月，韩国首尔伟傲世有限公司发布了紫外印刷电路板上的晶圆级集成芯片（UV WICOP）组件，并获得专利。印刷电路板上的晶圆级集成芯片（WICOP）属于首尔半导体公司的专利，它仅使用单个芯片和荧光粉，不含引线框架和金线等附加元件，是第一个不需要封装工艺的产品。首尔伟傲世有限公司将首尔半导体公司印刷电路板上的晶圆级集成芯片技术，用于紫外发光二极管组件。测试表明，与传统高功率封装发光二极管相比，新的紫外发光二极管组件性能提高了 600% 以上，持续照明时间达 45000 小时，提高了 1 个数量级，价格降低了 80%。

3. 美国采用锌锡氮化物提高长波铟镓氮发光二极管发光效率

8 月，美国俄亥俄州立大学提出使用锌锡氮化物提高琥珀色铟镓氮量子阱发光二极管（辐射波长为 600 纳米）效率的方法。锌锡氮化物在铟镓氮材料中的应用，增加了电子与空穴波函数的重叠，使电子和空穴更有效地辐射光子。与铟镓氮量子阱相比，新材料的自发辐射强度提高了 210～250 倍，自发辐射复合率增加了 210～235 倍。此外，铟组分从 29% 降至 10%，提高了生长温度和异质结质量。新材料有望拓展至其他长波长，为高性能单片可见光 III 族—氮化物发光二极管的发展奠定基础。

（四）硅基光电集成

1. 美国利用 65 纳米平面体硅 CMOS 工艺实现光电单片集成

4 月，在 DARPA "光学优化嵌入式微处理器" 项目支持下，美国麻省理工学院首次利用 65 纳米平面体硅互补金属氧化物半导体（CMOS）工艺，实现光子器件和电子器件单片集成。光电集成芯片（见图 8）封装后长 5 毫米、宽 4.8 毫米，由数百万个、栅长 60 纳米的晶体管和 4 组光学收发机构成。光学收发机包含光学调制器、光电探测器等有源光子器件和波导、光栅耦合器等无源光子器件，工作速率达 10 吉比特/秒；光学调制器功耗是商用器件的 1/100～1/10；光电探测器在 16 伏偏压下响应度为 1.3 安/瓦，噪声等效功率为 0.27 皮瓦/$\sqrt{赫兹}$。该光电集成芯片可在不降低晶体管性能情

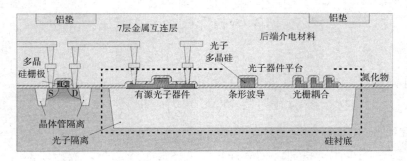

图 8　CMOS 光电集成芯片

况下，实现光子器件单独优化，验证了利用成本较低的平面体硅COMS工艺实现光电单片集成的可行性，为光电单片集成提供了新的技术途径。

2. 比利时利用14纳米 FinFET CMOS 工艺与硅光子技术集成

7月，比利时微电子研究中心 IMEC 宣布实现了 14 纳米 FinFET CMOS 技术和 300 毫米硅光子技术混合集成，并展示了超低功耗、高带宽光学收发机。光学收发机尺寸 0.025 平方毫米，动态功耗 230 飞焦/比特，包含了 FinFET 跨阻放大器、锗波导光电二极管等器件。锗波导光电二极管可实现 40 吉比特/秒不归零光电探测，灵敏度为 −10 分贝，功耗为 75 飞焦/比特。通过波长 1330 纳米的标准单模光纤环回实验，IMEC 证明了光学收发机具有高质量数据传输和数据接收能力。

六　微电子技术

2018 年，全球微电子技术持续进步，在晶体管、集成电路、微处理器、存储器和宽禁带半导体器件等技术领域取得了重要进展，主要表现为：新概念、新材料、新原理等方面的技术突破推动晶体管前沿技术的不断进步，不同类型的新式晶体管相继涌现，性能、耐久性、实用性大幅提升，有望实现对传统硅基晶体管性能的全面超越；集成电路装备技术推陈出新，封装工艺安全性升级，新型材料技术与电路集成方案成为应对摩尔定律终结挑战的关键；微处理器硬件安全问题成为关注焦点，嵌入式微处理器产品有望应用于新一代航空电子平台和嵌入式成像应用系统；下一代存储技术取得新进展，推广和应用进程加速，微型数字射频存储器装备应用潜力巨大，可提高武器复杂环境下的作战效能；宽禁带半导体器件技术更加先进，新产品进一步提升装备射频和微波组件性能。

（一）晶体管

依托新概念、新材料、新原理等方面的技术突破，晶体管前沿技术不断进步，不同类型的新式晶体管相继涌现，性能、耐久性、实用性大幅提升，有望实现对传统硅基晶体管性能的全面超越。

1. 世界首个六端子忆阻晶体管问世

2月，美国西北大学开发出世界首个六端子忆阻晶体管（见图9）。该器件可通过栅极调谐模拟人脑异突触可塑性，有助于人工神经网络实现接近人脑的复杂性学习和记忆功能。连续性循环测试实验表明，晶体管高/低阻态电流比和漏极电流大小稳定且未发生明显改变，器件耐久性良好。电脉冲模拟实验结果显示，晶体管具有明显的长时程增强和抑制特征，对正、负电脉冲信号的反应时间分别为2毫秒和6毫秒，达到人类大脑突触水平，可实现异突触可塑性的模拟。

图9　六端子忆阻晶体管结构

2. 美国研制出高性能低接触电阻二硫化钼场效应晶体管

5月，在美国国家科学基金"材料科学与工程研究中心"项目支持下，美国哥伦比亚大学采用全新制备工艺，克服了过渡金属二硫化物与金属电极之间接触电阻大的难题，研制出新型二硫化钼场效应晶体管（见图10）。该晶体管接触电阻率为2.3千欧·微米，沟道载流子浓度达4.6×10^{13}/厘米^2，室温下亚阈值摆幅为64毫伏，开态电导大于100微西门子/微米，开关电流比为2.7×10^8，性能已十分接近国际半导体技术路线图中低功耗电子器件的性能目标，为过渡金属二硫化物在未来先进电子器件中的应用奠定基础。

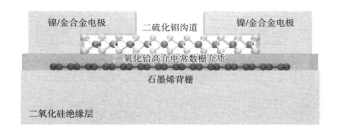

图10　低接触电阻二硫化钼场效应晶体管结构

3. 德国开发出世界首个准固态单原子晶体管

8月，德国卡尔斯鲁厄理工学院采用全新电化学制造技术，开发出世界首个在室温下工作的准固态单原子晶体管（见图11）。该晶体管开关单元尺寸仅为1纳米，与硅基晶体管相比，工作电压降低2个数量级，为后摩尔时代晶体管发展开辟了新的技术途径。该晶体管的工作原理如下：通过调整栅极电压脉冲控制电化学反应进程，改变银量子点接触开关单元中间连接处的银原子个数，使开关单元电导数值发生变化，当电导为1/12.9千欧的整数倍时，开关单元导通，晶体管开启，其他情况下晶体管关闭。该晶体管验证了基于电化学原理单原子晶体管技术方案的可行性，将催生性能更高、功耗更低的晶体管，实现对传统硅基晶体管性能的全面超越。

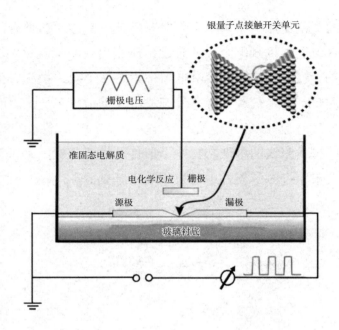

图 11　准固态单原子晶体管结构

（二）集成电路

集成电路外延反应装备技术推陈出新，全新系统级封装工艺安全性升级可面向军事应用，美国"电子复兴"计划关注新型材料技术领域与电路集成方案研究，以应对摩尔定律终结挑战。

1. 美国应用材料公司推出新型常压厚硅外延反应室

3 月，美国应用材料公司宣布推出采用全新设计的新型 CENTURA 200 毫米常压厚硅外延反应室。该反应室专为生产工业级高质量厚硅（厚度为 20～150 微米）外延膜而设计，能使当前的外延膜生产效率最大化。高质量厚硅外延膜的生长工艺是制造功率器件、微机电系统器件及其他与当今快速发展的移动互联和物联网技术相关电子器件的关键工艺。新型常压外延反应室为单晶圆反应室（一次只对一个晶圆实施外延工艺），适用于应用材料公司的 200 毫米和 150 毫米 CENTURA 系统，在不影响晶圆工艺质量的情况下，具有较高的晶圆吞吐量和较低的购置成本。

2. 美国推出面向军事应用的全新系统级微电子封装工艺

4 月，美国水星系统公司推出"构建安全"系统级微电子封装工艺。该工艺可用于军用嵌入式高性能计算系统，在节约制造成本、加快生产进度的同时，提高嵌入式芯片安全性，有望进一步提升武器装备信息化作战能力。

近年来，系统级芯片、硅通孔等新技术发展迅速，已成为提升电子系统嵌入式计算能力的关键，但由于存在可靠性和硬件安全风险，难以直接用于军事装备和系统。"构建安全"工艺是一种面向军事应用的系统级封装解决方案，具有以下特点：一是具有"一站式"、定制化集成能力。在保证尺寸、重量、功耗以及可靠性要求的前提下，不仅可通过一次性封装实现对多个中央处理器、图形处理器、现场可编程门阵列和各种存储单元的整合，还具备集成专用集成电路、微机电系统器件及传感器、密码模块、电源管理电路等功能性器件的能力。二是可靠性强。采用先进热管理技术和系统级封装架构，有效解决了器件外壳、印刷电路板和各组件间的热膨胀系数不匹配问题，可保障系统在 100 瓦以上高功耗条件下可靠运行。三是安全性高。通过系统级封装架构，将各分立器件集成在相对封闭的空间内，使各器件间连接线更加隐蔽，避免被敌方利用；实现设计生产供应链的完全自主可控，防止第三方 IP、海外晶圆厂或无晶圆厂设计公司、进口商用现货等不可信因素的介入。

"构建安全"系统级微电子封装工艺将实现嵌入式高性能计算系统在武器装备中的安全集成，有望推动信息装备发展，催生全新作战理念。

3. 美国"电子复兴"计划召开首次年度峰会

7 月，为正式开启"电子复兴"计划并促进以美国为中心的国际电子业前瞻性合作，美国国防先期研究计划局在旧金山召开了首届"电子复兴"计划年度峰会。首届峰会会聚了数百名来自学术界、商业界和国防工业界的美国电子行业代表，讨论了下一代人工智能硬件、如何应对摩尔定律即将终结的挑战、新型材料与电路集成方法等议题，邀请了包括 2017 年图灵奖得主约翰·轩尼诗在内的多位高科技公司负责人和学术界领袖为大会做演讲，公布了参与"电子复兴"计划"第 3 页"投资规划项目关于材料与集成、电路设计、系统架构三大领域研究的团队名单、资助细节及项目实施方案。

（三）微处理器

微处理器芯片安全漏洞频遭曝光，硬件安全问题成为全球关注焦点，嵌入式微处理器产品不断更新，可应用于第二代航空电子平台和下一代嵌入式成像应用系统。

1. 英特尔处理器芯片安全漏洞曝光

1 月 3 日，谷歌零计划安全团队和奥地利格拉茨科技大学等学术研究机构率先披露，英特尔处理器芯片存在重大安全漏洞"崩溃"和"幽灵"。二者潜在威胁大、修补难度高，带来的安全风险遍布全球，影响极其严重。12 日，芬兰芬安全公司宣布，在英特尔主动管理技术固件中发现新的安全漏洞，促使事态进一步发酵。

被曝光的"崩溃"和"幽灵"均为处理器芯片底层安全漏洞，潜在威胁巨大，修补难度很高。黑客可利用"崩溃"和"幽灵"以侧信道攻击的形式轻而易举地实现对用户设备的攻击，造成系统崩溃，用户数据丢失、泄露等十分严重的后果。由于漏洞位于硬件底层，无法依靠处理器代码更新来解决，只能从操作系统层面入手进行修复，且需要处理器生产商的固件修复、操作系统提供商的软件更新以及终端应用厂商的配合才能实现。想要彻底规避所有风险，需对芯片进行重新设计。

芬安全公司曝光的安全漏洞在英特尔为商业企业级客户专门推出的主动管理技术固件中，潜在破坏性惊人。黑客可通过漏洞以物理访问的方式创建"后门"，启用远程访问，利用与用户相同的无线或有线网络同用户系统建立连接，在短短几秒钟内实现对用户电脑的完全控制。利用此漏洞，黑客可以访问用户设备上所有的数据及应用程序，随意安装恶意软件。目前，仍没有有效的安全措施消除该漏洞所带来的风险。

2. Lynx 公司和 X－ES 公司联合开发基于微处理器的第二代航空电子平台

7 月，美国极端工程解决方案公司（X-ES）和 Lynx 公司宣布将联合开发基于微处理器的第二代集成模块化航空电子平台。新产品将X-ES 公司的 Xpedite7674 计算板与 Lynx 公司的 LynxSecure 安全束集成在一起，为航空电子平台设计提供了新的选择。

Xpedite7674 是一款基于英特尔至强 D 系列处理器的单板计算机，能够在单个片上系统封装中提供多达 16 个"至强"级内核，并支持1000Base-X 千兆以太网接口，以及两个 10 千兆位 10GBase-KR 现场可编程门阵列接口，具备托管自定义功能及高安全性应用标准。Lynx公司开发的 LynxSecure 安全束，能将 LynxOS－178、Linux 等实时操作系统或基于操作系统的模块及应用安全可靠地安装在一个多核心时空分区内，并实现同步运行。

3. 美国"关键链接"公司开发出可应用于下一代嵌入式成像应用系统的 MitySOM－A10S－DSC 处理器

8 月，美国"关键链接"公司开发出专用于下一代嵌入式成像系统的 MitySOM－A10S－DSC 处理器。该处理器是一个高度可配置的系统级模块，具有兼容堆叠配置的双面连接器，支持 Intel/Altera Arria 10 片上系统、双核 ARM 和高达 480KLE 的现场可编程门阵列。MitySO M－A10S－DSC 处理器支持开放运算语言，可压缩设计周期，

并将 C/C＋＋代码定位到现场可编程门阵列中。处理器自带嵌入式
Linux 系统，可为复杂的成像平台提供操作系统支持，具有多功能性
和易于定制等优点，可用于机器视觉系统、测试量测仪器、嵌入式设
备、工业自动化控制系统及医疗器械中。

（四）存储器

相变存储技术、超薄磁性存储技术等下一代存储技术不断取得新
进展，存储性能和耐久性显著提高，推广和应用进程加速，微型数字
射频存储器赋予精确制导武器电子攻击能力，可提高武器复杂环境下
的作战效能。

1. 新型封闭式相变存储器单元创耐久性纪录

2 月，美国耶鲁大学与 IBM 华生研究中心合作开发出新型相变存
储器单元（见图 12）。该器件首次采用封闭式相变介质结构，耐久性
提升 4 个数量级，有望进一步促进相变存储器的推广和应用，加速数

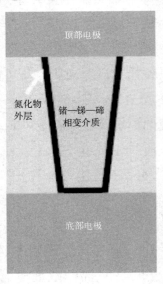

图 12　新型封闭式相变存储器单元结构

据存储技术变革。新型相变存储器单元由顶部电极、底部电极、锗—锑—碲相变介质三部分构成，使其具有超强耐久性。试验结果表明，该存储器单元读写循环次数达到 2×10^{12}，刷新了耐久性纪录。新型封闭式相变存储器单元的耐久性显著提升，有望加速相变存储器取代静态随机存储器、动态随机存储器、闪存等当前主流存储器的进程，推动相变存储器在大数据、云计算、模拟仿真等领域的大规模应用。

2. 美国开发出可用于精导武器的微型数字射频存储器

3月，美国水星系统公司利用三维垂直堆叠架构开发出微型数字射频存储器。该器件尺寸仅为传统数字射频存储器的1/4，可集成到精确制导武器中，赋予武器有源电子干扰能力，提高精确制导武器在复杂战场环境中的作战效能。水星系统公司研制的微型数字射频存储器采用三维垂直堆叠架构，由数字电路模块、电源管理模块、模拟电路模块、功能拓展模块四部分组成（见图13）。数字电路模块采用芯片减薄工艺、多存储器垂直堆叠及互连技术，厚度小于2.5毫米，集成了处理器或现场可编程门阵列等数字处理单元以及18个非易失性存储单元，具备吉比特字节以上存储能力。模拟

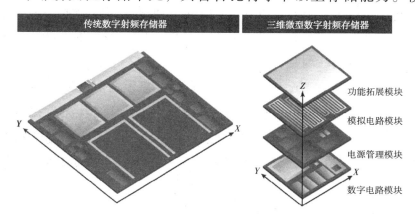

图13 微型数字射频存储器结构

电路模块由微型射频多芯片组构成，通过芯片组底部的球栅阵列与电路板表面贴装，获取电能和信号。电路板由具有良好散热性能和高机械强度的材料制成，通过优化高度和隔离壁厚度，实现射频多芯片组集成封装密度最大化。电源管理模块利用导线与其他模块的电路板相连，可实现大电流、低电压、低噪声的系统电力供应。功能拓展模块位于垂直堆叠架构的最上方，是预留电路板，可根据实际需求添加新的功能电路。

3. 美国研制出原子级超薄磁性存储器件

5月，美国华盛顿大学领导开发出利用层状磁性材料进行信息编码的原子级超薄磁性存储器件，可大幅提升数据存储密度和能量利用效率。该器件可看作一个由六方氮化硼、石墨烯和三碘化铬三种层状二维材料堆叠而成的磁性隧道结，依据电子自旋方向对电子进行过滤。其中最为核心的部分是由石墨烯传导层和中间的两层三碘化铬构成的"三明治"结构。随着施加电压大小的变化，"三明治"结构中的磁场也会发生改变。这项研究展示了将磁性存储技术推向原子级厚度极限的可能性，不仅能大幅提升数据的存储密度，而且存储功耗也比当前存储器小一个数量级以上。虽然目前超薄磁性存储器件需要在适度的磁场强度和理想的低温环境下才能工作，但这种器件的概念和运行原理是新颖的和具有开创性的。

4. IBM 开发出基于玻璃态金属锑的单元素相变存储单元器件

6月，IBM 苏黎世研究院与德国亚琛工业大学合作开发出基于玻璃态金属锑的单元素相变存储单元器件，克服了传统多元素相变存储器局部组分改变问题，为进一步实现相变存储器尺寸缩小和性能提升开辟了全新的技术路径。

新型单元素相变存储单元器件具有垂直层状结构，利用电压脉冲诱导下金属锑相变介质的相态转换实现信息存储功能，但金属锑在室温下会迅速结晶。研究人员经第一性原理分子动力学模拟计算发现，纳米尺度相变环境下玻璃态金属锑的稳定性与其淬火速率具有明显相关性，据此开发出速率为 1010 开尔文/秒的纳米尺度熔体快速淬火技术，成功解决了玻璃态金属锑的稳定性问题。实验结果显示，新存储器中玻璃态金属锑可在 20℃下稳定存在 51 小时以上。

新型单元素相变存储单元器件未来有望应用于"内存内计算""记忆型存储级存储器""脑启发计算"等数字信息前沿技术领域。

（五）宽禁带半导体器件

1. 美国英特格拉技术公司推出可用于 C 波段雷达的新型射频与微波碳化硅上氮化镓晶体管

3 月，美国英特格拉技术公司推出全新碳化硅上氮化镓晶体管产品 IGT5259L50。该产品可满足脉冲 C 波段雷达大功率、高增益应用需求。IGT5259L50 大功率碳化硅上氮化镓高电子迁移率晶体管工作在 5～6 吉赫兹下，可输出 50 瓦功率。该产品的瞬时响应覆盖频率范围为 5.2～5.9 吉赫兹，特征增益为 14 分贝，在 15% 工作比、脉宽 1 毫秒的脉冲状态下的效率为 43%。该器件被封装在符合欧盟 RoHS 标准的具有散热功能的金属/陶瓷合金金属化外壳内。整个产品宽 0.8 英寸、长 0.4 英寸。

2. 美高森美推出全新碳化硅金属氧化物半导体场效应管功率模块

6 月，美国美高森美公司推出了一款全新的碳化硅金属氧化物半导体场效应管功率模块产品 SP6LI。该产品可应用于航空航天和国防工业领域，实现电源开关模式切换和电动机控制。该功率模块采用电感极低的封装技术，以实现大电流低特异性导通电阻，可用于飞机驱动控制系统、发电系统、电动和混动汽车传动及动能回收系统，还具有切换和管理感应加热、医疗电源和电气化列车中电源开关模式的功能。SP6LI 系列产品有 5 个标准模块，管壳在温度 80℃时，相桥臂拓扑结构范围从 210～586 安培下 1200 伏特到 207 安培下 1700 伏特。

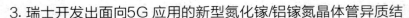

3. 瑞士开发出面向5G应用的新型氮化镓/铝镓氮晶体管异质结

7月，瑞士保罗谢勒国家研究所开发出首个基于二维电子气的新型氮化镓/铝镓氮晶体管异质结，为开发面向5G应用的高性能晶体管奠定了基础。新型氮化镓/铝镓氮晶体管异质结的氮化镓和氮化铝界面晶体结构具有六重对称性，沿原子链有六个相同的对称方向。软X射线显微镜成像结果表明，如果使氮化镓高电子迁移率晶体管中原子的排列方向与电子的流向进行匹配，就能使晶体管性能更强大。据估计，新技术有望使无线电发射器性能提高10%。这意味着只需较少的传输站就能提供足够的网络覆盖能力和电力，从而使移动通信网络的维护和能源成本减少数百万美元。

4. 美空军研究实验室与BAE系统公司签署氮化镓半导体技术合作研究与开发计划协议

9月，美国空军研究实验室与BAE系统公司签署合作研究与开发计划协议，将空军开发的氮化镓半导体技术转移到该公司位于新罕布什尔州的先进微波产品中心，旨在进一步增强该技术先进性，并将该技术扩展至6英寸晶圆，以降低单芯片制造成本，同时提升其在国防关键技术领域的实用性。双方将合作建立一条140纳米氮化镓单片微波集成电路工艺线，2020年开始生产，并通过开放式代工服务向美国防部供应商提供产品。

七 量子信息技术

（一）量子计算

2018年，量子计算在量子芯片、量子算法等方面取得重要进展：72超导量子比特芯片原型问世；专用量子计算机在新材料研发方面展现出巨大潜力；量子算法与人工智能融合发展。

1. 新加坡开发出适用于人工智能的量子算法

2 月，新加坡国立大学提出量子线性系统算法。该算法使用大的数据矩阵进行计算，可提高大容量数据集的分析速度，有望加速人工智能技术的发展。

2. 美国发布72超导量子比特芯片原型

3 月，美国谷歌公司研制出由 72 个超导量子比特组成的量子芯片原型 Bristlecone（见图 14）。该芯片计算能力优于千万亿次经典计算机，错误率低至 1%。

图 14　Bristlecone 芯片原型

3. 日本研制出数字退火计算专用处理器 DAU

5 月，日本富士通公司采用传统计算机芯片技术开发出 8192 量子位、精度 64 位的数字退火计算专用处理器 DAU，并推出数字退火云计算服务。预计，富士通将在 2019 财年推出 DAU 专用计算机系统。该系统旨在提供 100 万量子比特的大规模平行处理能力，能快速计算出包含 100 多万个变量的多项式方程的最佳解。未来，DAU 专用计算机系统将在人工智能和机器学习方面展现巨大的优势。

4. 美国发布 Cirq 量子算法框架

7 月，美国谷歌公司发布开源量子算法框架 Cirq。Cirq 旨在使用户更容易地编写、操控和优化量子算法，实现对量子电路的精确控制，有助于推动 50～100 量子比特量子计算机的实现。

5. 加拿大利用2048量子退火机成功完成材料仿真

8 月，加拿大 D-Wave 公司通过编写 D-Wave 2000Q™ 系统构造二维人工自旋点阵，研制出可完全编程的 2048 位量子退火机，并使用该计算机模拟出了用于研发超导体的拓扑相变，这表明可完全编程的 2048 位量子退火机可以作为大规模量子系统的精确模拟器，且有助于降低复杂材料研发时间和成本（见图 15）。

图 15　D-Wave 2000Q™ 量子退火机

（二）量子通信

2018 年，量子密钥分发网络向高速、安全、小型化方向发展；继中国、日本发射量子卫星后，新加坡和英国积极探索通过低成本、小型化卫星实现星—地量子通信。

1. 英国设计出独立探测器原型

6 月，英国约克大学设计出一种独立探测器原型，并给出了原型起作用的严格数学证明。该探测器原型可以接收来自发送者和接收者两个信号的组合，并读出组合信号的结果，但无法读出组合信号的组成部分。采用这种方式黑客无法成功干扰探测器或改变探测器工作方式，有望消除当前通信漏洞，保护传输的加密信息不受黑客攻击，确保信息安全。此外，探测器与现有光纤通信网络兼容，无须对现有基础设施进行重大改造。

2. 英国开发出安全量子通信新方法

8 月，英国伦敦大学学院开发出新的安全量子通信方法。新方法使用户能够在基于物理量子定律操作的设备之间安全可靠地进行通信。伦敦大学学院的工作是在目前构建的硬件上创建软件，以实现量子通信潜力。研究人员结合机器学习和因果推理提出了"不可动摇"的通信系统，通过量子力学快速测试和保证安全性，从而以难以有效拦截的方式在用户之间分配密钥。该方法适用于一般网络，无须信任设备或网络制造商以确保保密，通过使用网络结构限制窃听者学习的内容。未来，英国伦敦大学学院将与英国国家量子技术计划的合作伙伴开展合作，进一步开发大规模量子网络。

3. 德国致力于利用光子集成技术实现量子通信

8 月，作为欧洲量子旗舰计划的一部分，在"每个人都负担得起的量子通信：从制造到应用变革量子生态系统"（UNIQORN）项目支持下，德国弗劳恩霍夫通讯技术研究所正在开发一种新的、低成本的光学集成解决方案。光学集成的核心是由德国弗劳恩霍夫通讯技术研究所开发的 PolyBoard 的微光学平台技术。微光学平台技术可以在PolyBoard 芯片上将产生纠缠光子的大型毫米尺寸光学元件（如晶体）与亚毫米尺寸光学元件相结合。研究表明，在生成的光子集成芯片内部自由空间光学区域并借助特定镜头的基础上，用于量子技术的已知材料系统可以直接与光子集成电路组合，而不必牺牲微光学元件的性能。混合光子集成平台 PolyBoard 促进了用于电信和数据通信应用的微型光学元件，以及用于分析和传感器技术的微光学芯片的开发。

4. 日本高速量子加密通信密钥分发速率达10兆比特/秒

9 月，日本东芝集团和东北大学在铺设的光纤链路上成功应用了高速量子加密通信技术，首次实现量子密钥分发速率达 10 兆比特/秒，通信时间超过 1 个月，通信距离达 7 千米的量子加密通信。高速量子加密通信技术由东芝集团欧洲剑桥研究实验室研发。东芝集团构建了通过光纤链路进行数据传输的应用程序。将这个应用程序与高速量子加密技术相结合，即使在真实环境下也能验证实际密钥分发速率。此外，东芝集团还构建、运行了一个无线传感器网络。该网络可持续监测铺设的光纤光学链路。未来，东芝集团将继续开展现场试验，旨在将量子加密技术用于医疗、金融和通信基础设施等领域。东北大学将继续推广使用安全可靠的信息通信技术。

5. 新加坡和英国计划于2021年发射小型量子通信卫星

10 月，新加坡和英国开展小型量子卫星计划，旨在 2021 年发射小型量子通信卫星 CubeSat，验证高度安全的量子密钥分发全球通信网络。CubeSat 卫星大约重 12 千克，尺寸约为鞋盒大小。将量子密钥分发系统置于小型卫星上意味着几乎没有空间放置备份系统。当前新加坡测试了量子密钥分发系统在恶劣条件下的生存能力，包括火箭上的模拟发射振动和类似于太空中的极端温度环境。此外，通过小型量子卫星实现量子通信的一项重大挑战是成功将光子中包含的密钥从太空传输至地面，这要求小型卫星上的望远镜和地面站的望远镜之间进行精确对准，因而需要建立跟踪系统使小型卫星在跟踪地面站时不断调整其在轨道上的方向。未来，英国将重点解决这一挑战。

（三）量子计量

1. 英国研发出商业可用的量子加速度计

11 月，在英国国防科学技术实验室"未来传感和态势感知"项目资助下，帝国理工学院与 M Squared 激光系统公司联合研制出用于精确导航的量子加速度计，并在现场进行了演示。该量子加速度计是一套独立完整的系统，且便于机动，是英国首个可用于导航的商业化量子加速度计。M Squared 激光系统公司开发出高功率、低噪声和频率可调的通用激光系统，以对原子进行冷却，并为测量加速度提供"光学尺"。其有望用于船舶、列车等大型机动平台，或者用于探索暗能量和引力波等基础研究领域。

2. 俄罗斯测试了首个采用量子无线电技术的试验雷达

11 月，俄罗斯对首个采用量子无线电技术的试验雷达进行了测试。该试验雷达完成了探测、跟踪空中目标的任务，有望大幅提升雷达的灵敏度、抗干扰能力、识别目标能力、反隐身能力等，且理论上能实现对目标的百分之百识别。它能极大地突破现有雷达性能的极限，可能是一种完整意义上的量子雷达。

（四）量子器件及材料

1. 美国利用金刚石硅空位色心延长量子存储器寿命

5 月，在美海军支持下，哈佛大学、剑桥大学将包含金刚石硅位色心的晶体刻成弦宽 1 微米的弦，弦两端与电极相连。施加电压，拉伸金刚石弦提高原子振动频率，使硅空位色心中的电子只受到高频振动影响，延长硅空位色心中的电子存储时间。以此制成的量子存储器的信息存储时间达数百纳秒，较此前提高了 1 个数量级。

7 月，美国普林斯顿大学、第六元素公司在天然金刚石中掺入硅原子制备出金刚石中性硅空位色心，将量子比特的相干时间延长至 1 秒，实现了量子信息的存储和传输。

2. 奥地利、美国合作提出量子信息传输新方法

5 月，奥地利维也纳技术大学和美国哈佛大学在含有硅原子缺陷的金刚石微粒中构建了量子存储器阵列，并利用声子实现量子存储器连接。量子存储器在长度上仅相距几微米，在微波作用下会在高能量状态和低能量状态之间切换，实现类似微型开关的作用。通过金刚石微粒发生振动产生的声子可将量子存储器连接在一起，为发展可扩展的量子技术提供了新途径。

3. 美国研制出锂铱氧化物新材料

5 月，美国俄勒冈州立大学开发出一种新的无机化合物——锂铱氧化物。铱原子在氧化物中形成蜂窝状晶格结构，并产生"磁阻挫"现象。在锂铱氧化物中，电子自旋不能有序排列，而是处于不断波动中。当温度接近绝对零度时，也无法在氧化铱锂中发现磁有序的证据，表明氧化铱锂中可能存在量子自旋液体。

4. 美、法、德联合探索碳纳米管单光子源

6 月，美、法、德正在探索功能化碳纳米管作为单光子源的潜能，以用在信息传输、信息处理等领域。法国重点研究将碳纳米管集成到光学微腔的技术；德国重点研究碳纳米管电致发光器件与光子波导结构集成；美国洛斯阿拉莫斯国家实验室重点分析碳纳米管缺陷，以实现室温、通信波段的量子辐射。

八　MEMS 技术

MEMS 技术持续发展，在新型传感器、MEMS 技术嵌入、新材

料、新工艺等技术领域取得了重要进展，主要表现为：新型 MEMS 传感器件向高精度、微型化、快响应、智能、稳定等方面进一步发展；MEMS 技术成功嵌入各个领域，助力各领域设备小型化；新材料、新工艺使 MEMS 器件性能进一步提升，降低材料成本，促进了 MEMS 器件在各领域普及。

（一）新型 MEMS 传感器

新型 MEMS 传感器件不断向高精度、微型化、快响应、智能、稳定等方面发展；各领域专用 MEMS 器件不断推出，器件性能大幅提升。

1. 日立推出灵敏度提升、功耗减半的 MEMS 加速度计

1 月，日立推出新型 MEMS 加速度计，灵敏度大幅提升，功耗仅 20 毫瓦，是传统商用 MEMS 加速度计的一半。这款 MEMS 加速度计的噪声密度与应用在航天航空、地震和资源勘探等领域的"大型"加速度传感器基本相同。为提高器件灵敏度，日立优化了传感器的结构，在质量块上制作贯通孔以降低空气阻力（见图 16），贯通孔上层和下层的直径是变化的，上层孔径小为电极部分，下层孔径大为重量较大的运动部分。通过此方法可将空气阻力降低约 50%，由此也使传感器的功耗降低。

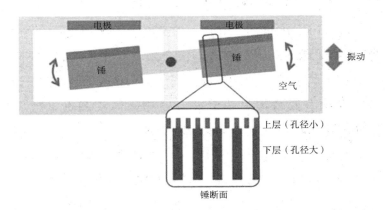

图 16　质量块上制作贯通孔以降低空气阻力

2. 新型无干扰 MEMS 电场强度传感器问世

1 月，维也纳技术大学研制出一款硅基 MEMS 电场强度测量传感器，在测量时不会干扰待测电场。这款 MEMS 传感器由硅材料制成，通过微型弹簧带动固定在该弹簧上的微型网状硅，实现微米量级的测量。弹簧在电场作用下发生轻微的延展或压缩，带动网状硅运动，网状硅上方有一层固定的不透明网状结构，上、下两层的孔洞在弹簧无形变时精确对准。当可动网状硅在弹簧的带动下产生位移时，上、下两层网状结构之间便会出现缝隙，传感器 LED 发出的光透过缝隙由光电探测器探测，测量进光量可计算电场强度（见图 17）。

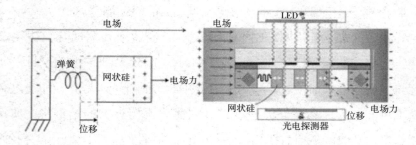

图 17 MEMS 电场传感器的测量原理及剖视图

3. 更小、更快、更智能的 MEMS 功率继电器

3 月，Menlo Micro 推出 200 伏/10 安数字微开关（DMS）智能功率继电器。这款 MEMS 功率继电器组合了 200 个以上的 MEMS 高压开关，具有完整的保护和控制系统，能承载 10 安直流电流，且无须散热。该功率继电器与传统功率继电器相比体积和重量减少 80%，开关切换速度比传统机电式继电器提升 1000 倍，采用晶圆级制造加工工艺，具备大规模低成本生产潜力，适用于家庭和楼宇自动化、工业自动化控制、机器人、电动汽车、电池管理和电子设备等。

4. "硅设计"公司推出专用 MEMS 直流响应加速度计

4 月，"硅设计"公司推出结构紧凑、轻巧的单轴 Model 2220

MEMS 直流响应加速度计（见图 18）。Model 2220 系列加速度计具有高驱动力、低阻抗缓冲、重量轻、外形尺寸小等特点，测量量程共 7 段，覆盖 ±2 ~ ±200 克，每段量程都有低至零赫兹的宽频响应。传感器模组封装在坚固的阳极氧化铝外壳内，通过两颗 M3 螺丝固定，重量仅 10 克，尺寸为 1 × 1 × 0.3 英寸，可在 – 55 ~ 125℃ 的范围内承受高达 2 千克的输入。该系列加速度计可用于飞行测试、飞机颤振测试、振动监测和分析、碰撞测试、机器人、生物力学研究等领域。

图 18　"硅设计"公司的 Model 2220 MEMS 直流响应加速度计

5. 硅微结构公司推出稳定性高的超低压力 MEMS 传感器

5 月，硅微结构公司（SMI）推出了 SM933X 系列超低压力 MEMS 传感器。SM933X 系列传感器具有完全的温度补偿和压力校准，可实现精确的压力传感，最小可测压力低至 125 帕。该系列传感器的压力换能器和最先进的信号处理器采用双垂直端口的小型 SO16 封装在一起，提升了传感器的输出精度和稳定性。SM933X 系列传感器具有 ASIC 架构和高阶滤噪功能，器件噪声低，不易受电磁干扰。系统供电电压范围为 3.0 ~ 5.5 伏，具有低电流消耗和睡眠模式，非常适合低功耗应用。此外，该系列传感器没有安装或振动敏感度，爆裂压力高，坚固耐用。

6. 意法半导体公司推出新型高精度 MEMS 传感器

5 月，意法半导体公司推出全新的高分辨率、高稳定性 3 轴 MEMS 加速度计传感器 IIS3DHHC，采用 16 引脚 5×5×1.7 毫米陶瓷封装，在温度变化很大的环境内可长时间运行，并保证测量精度。该款产品主要适用于通信系统、天线定位系统、建筑物和桥梁安全的结构健康监测设备、各种工业平台的稳定器或调平器。

7. CMOS 片上压电 MEMS 超声换能器新平台

7 月，马来西亚 CMOS 和 MEMS 代工服务供应商 SilTerra 发布了用于指纹识别和医疗成像的 CMOS 片上压电 MEMS 超声换能器平台 PMUT（见图 19）。PMUT 采用了 CMOS 工艺兼容的压电材料，以及表面微机械加工技术，可满足各种市场应用，如用于指纹传感、医疗成像等。PMUT 平台的部分主要组成包括基于 CMOS 的氮化铝基器件、高达 25 兆赫的谐振器、9 个额外的掩模层。制造工艺采用标准的 CMOS 工艺流程，凭借单片整体解决方案，可显著降低器件的寄生效应。

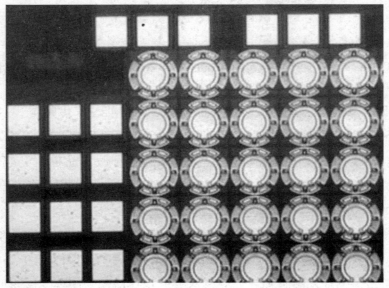

图 19　SilTerra 新工艺平台打造的 PMUT 器件

（二）MEMS 技术成功嵌入各领域器件

2018 年，MEMS 技术成功在各领域器件中嵌入，助力器件向小型化、智能化方向不断发展。MEMS 技术使器件实现立体微结构，促进器件小型化。MEMS 器件与透镜相结合，实现对光的高效控制和操作。MEMS 应用于声子晶体波导，控制超声波振动速度和波长。人工智能首次在 MEMS 器件中应用，降低传感功耗。

1. "MEMS＋电镀"实现"三明治"立体微结构

2 月，日本小野田制作所和长野县工业技术中心的精密电子航空技术部合作，研发出一种结合金属材料和树脂材料的复合立体微结构，利用该技术可以制造尺寸极其微小的传感器和电子器件。这项技术能够实现 0.01 毫米甚至更小的加工精度，制作出曲线或细小凹凸的复杂微结构。同时，优化了导电金属材料层的制作工艺，实现了良好的机械强度和电气性能，采用光刻和电镀相结合的工艺技术，有效地降低了制造成本。此外，联合团队利用金属—绝缘材料—金属的"三明治"结构（见图 20），成功地使两层金属材料通过绝缘材料紧密结合在一起，使器件的尺寸缩减至原结构的 1/10。

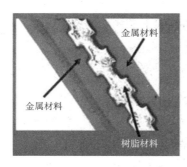
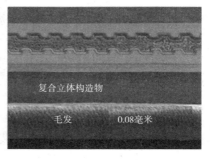

图 20　金属—树脂—金属"三明治"立体微结构

2. 哈佛大学联合阿尔贡国家实验室在 MEMS 芯片上集成超级透镜

2 月，哈佛大学联合阿尔贡国家实验室在 MEMS 芯片上集成中红外光谱超级透镜（见图21）。联合团队在一块 SOI 绝缘体硅（2 微米顶部器件层、200 纳米掩埋氧化层以及 600 微米衬底层）上，采用标准光刻技术制造了超表面透镜。然后，将透镜与一个 MEMS 扫描器（本质上是一个用于高速光路长度调制的偏转光线微镜）的中心对齐，通过沉积微小铂片将其连接固定。在静电驱动情况下，MEMS 平台可控制透镜两个正交轴运动，使平面透镜在每个方向约 9° 范围内进行焦点扫描，聚焦效率约为 85%。器件的光谱范围还可扩展至可见光及其他光谱范围，拓展应用范围，如基于 MEMS 的显微系统、全息和投影成像、激光雷达扫描器和激光打印等。

a. 扫描镜　　　　　　　b. 光学显微成像

图 21　集成在 MEMS 扫描器上的超级透镜

3. 日本将 MEMS 应用于声学晶体波导操纵超声波振动的传播

6 月，日本 NTT 公司联合东北大学，采用 MEMS 制造技术开发出"人造声学晶体"，并用于控制超声波振动的传播。该器件由传输微小振动的波导组成，当向安装在波导末端的电极施加电压，压电效应局部诱发超声波振动，而器件的群速度色散效应可使不同频率的波以不同的速度在器件中传播。此外，在波导末端施加频率调制信号，可成功实现波形的扩展和压缩，精确地控制振动波形的压缩比例以及压缩的位置和时间。该器件具有集成度高、频率范围宽、运行速度高、能耗低等优点，对于现代通信和传感技术意义重大。

4. 舍布鲁克大学首次在 MEMS 器件中应用人工智能

10 月，加拿大舍布鲁克大学首次成功地在 MEMS 器件中应用人工智能技术进行数据处理，标志着人工智能技术已向微型化应用迈进。该器件收集到的数据无须后端计算机处理，可直接在芯片上完成。器件功耗仅微瓦级，依赖能量采集器就能运行，无须电池供电，在传感器和机器人控制方面将得到广泛的应用。

（三）新材料、新工艺助力 MEMS 器件性能提升

微表面黏附力测量方法有望用于新一代 MEMS 加速度计和陀螺仪。MEMS 器件新工艺显著提高 MEMS 器件的精度和可靠性，并降低其制造成本。石墨烯基 MEMS 器件提高器件的灵敏度、坚固性、信噪比等。聚合物基 MEMS 器件降低材料成本，对超声波成像普及有巨大的推动作用。

1. 美国布朗大学提出微表面黏附力测量方法

3 月，美国布朗大学提出了一种测量微表面黏附力的新方法，有效地提升了 MEMS 检测器件的测量准确度，有望用于新一代 MEMS 加速度计和陀螺仪。MEMS 器件尺寸非常小，重力对于测量的影响较小，但材料间的黏附力影响较大。为此，研究人员采用微型悬臂梁的热振动计算黏附力，并利用改进的原子力显微镜（AFM）探测微表面黏附力的相关性质。当平滑的微悬臂靠近目标材料并与目标材料接触轻微抬起时，悬臂和目标材料会逐渐分离，但仍有部分保持黏附。在此过程中，悬臂非黏附的部分会发生非常轻微的振动。利用 AFM 探测振动的幅度，计算非黏着部分的长度，进而计算出目标材料的黏附力。

2. 新加坡科技局提出 MEMS 新工艺

3 月，新加坡科技局提出了一种新的 MEMS 器件制造方法，能够

大幅改善当前微米及亚微米级 MEMS 器件制造的成本和精度问题。目前 MEMS 器件加工中形成 5 微米及以下通孔和锥形侧壁的方法并不可靠。如光刻胶层转移到蚀刻层中，因光刻胶掩模的过度损失而限制了通孔的最大深度，使侧壁过于粗糙。研究人员提出的两步等离子刻蚀工艺首先进行光刻胶锥形化，将光刻胶由垂直改变为锥形轮廓，然后进行侧壁聚合氧化物刻蚀。利用这种方法制造的通孔最小尺寸可降至 1.5 微米，且能得到约 70°角的平滑侧壁。这项工艺可以制造出保护更好、具有更可靠金属触点的器件，大幅提升器件性能。

3. 石墨烯基 MEMS 器件性能大幅提升

9 月，Graphenea 公司与英飞凌公司、WITec 公司、亚琛工业大学等机构合作，成功完成 NanoGraM 项目。该项目目标是研发石墨烯基 NEMS/MEMS 器件，重点关注三类：石墨烯麦克风、石墨烯膜压力传感器和石墨烯膜霍尔传感器。石墨烯的力学特性使微型扬声器可以减少驱动电压，同时降低故障风险并实现高耐久性。石墨烯麦克风具有超高灵敏度，工作频谱覆盖从音频到超声波频段。石墨烯基压力传感器和霍尔传感器则具有更高灵敏度（高达 100 倍）、坚固性（高达 5 倍）及增强的信噪比等优点。

4. 聚合物基 MEMS 有助于超声波成像普及

9 月，英属哥伦比亚大学利用聚合物材料代替传统的硅材料，制造出电容式微机械超声波换能器 CMUT。器件由 64 列 CMUT 阵元组成，每列阵元均包含 4×75 个 CMUT 单元（即为塑料 MEMS），各列阵元的间距为 550 微米。线性阵列能够利用波束成形技术进行精确的超声成像实验。制造这些 CMUT 的关键在于将金属电极封装在薄膜内部而非顶部，实现与多晶硅或氮化硅制造相近的低工作电压。CMUT 可以被预偏置，从而在接收中作为无源器件运行，并在超声波传输期间保持低激励电压。其最大工艺温度不超过 150°C，意味着这些 CMUT

可直接在如波束成形器和 Tx/Rx 开关等硅基电子器件上制造。这种超声波收发器可以集成到可穿戴健康监测系统的柔性衬底中。

九　电子材料技术

2018 年，宽禁带半导体材料、二维电子材料、磁性材料、有机电子材料及相关制备技术领域均有显著进展。碳化硅、氮化镓的应用研究继续加强；石墨烯、二硫化钼等材料的性能优化及制备水平获得提高，多种器件的出现展现了其巨大的应用潜力；自旋电子材料及器件制备取得巨大突破；有机电子材料加快柔性电子技术发展。

（一）新型宽禁带半导体材料

2018 年，碳化硅（SiC）和氮化镓（GaN）是电子材料领域性能最佳、技术最先进的半导体材料，相关产品制备和技术研究均受重视；金刚石等新型宽禁带半导体材料应用研究取得突破；多种新型半导体结构材料有望带来新概念器件。

1. 日本利用 H－金刚石研制出可在高温下工作的功率转换系统关键电路

4 月，日本国家材料科学研究所制备出基于 H－金刚石的功率转换系统关键电路，并在 300℃ 高温环境下可正常工作。金刚石是下一代半导体电子材料之一，可用于制备小型低损耗电力转换系统，但目前工作温度较低。研究人员利用 H－金刚石及氧化镧铝（$LaAlO_3$）、氧化铝（Al_2O_3）制备出具有超低漏电流密度（10^{-9}安培/厘米^2）金属氧化物半导体场效应晶体管（MOSFET）（$LaAlO_3$/ Al_2O_3/H－金刚石），并成功制备关键电路，该电路可用于电子器件和微处理器等数字集成电路，且能承受 300℃ 的高温。

2. 美国开发出半导体—超导体异质结

4 月，美国康奈尔大学与海军研究实验室联合通过在氮化铌（NbN）晶体上直接生长氮化镓（GaN），研发出一种半导体—超导体异质结。具体制备方法是采用分子束外延（MBE）系统，在真空环境下通过电子束蒸发源将铌原子、氮原子沉积在碳化硅晶圆上制备出氮化铌外延层，再将镓和氮原子喷涂到氮化铌上，从而生长出氮化镓半导体层，最终形成半导体—超导体异质结。此项研究将超导体宏观量子效应和氮化物半导体族材料光电特性结合，使得到的半导体—超导体异质结具有高迁移率的二维电子气，并表现出量子震荡，提供了一种研发量子计算和高度安全通信系统的方法。

3. 美空军研制出超高电子迁移率氧化镓

5 月，在空军研究实验室资助下，美国俄亥俄州立大学研制出氧化镓宽禁带半导体异质结。研究人员利用调制掺杂技术合成带隙宽度远大于氧化镓（4.7 电子伏特）铝氧化镓（$Al_xGa_{1-x}O_3$）合金（6.0 电子伏特），氧化镓及该合金构成半导体异质结。该异质结中间具有仅几个纳米的原子级无缺陷界面，电子在迁移过程中，可减少散射并保持高迁移性，从而使氧化镓具有超高的电子迁移率。该研究极大地推进了氧化镓在高频通信系统和高能效电力电子等应用领域的发展。

4. 美国开发出高效散热半导体材料

7 月，美国加州大学洛杉矶分校开发出一种新型无缺陷砷化硼半导体材料。与目前的半导体或金属材料相比，砷化硼可有效吸/散热，导热速度比碳化硅和铜等快三倍以上，有望解决计算机芯片中因热量集中和温度升高而性能降低的问题，并提高各种电子产品的性能，减少能源需求。未来，砷化硼有望与现有半导体制造工艺集成，取代目前最先进的计算机半导体材料（见图 22）。

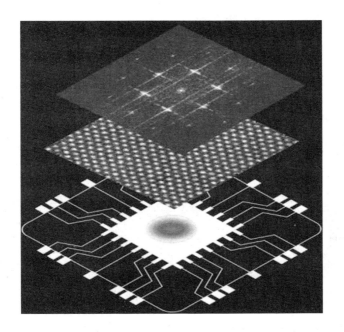

图22　带有"热点"的计算机芯片图像（下）、
无缺陷砷化硼的电子显微镜图像（中）、
砷化硼中的电子衍射图案（上）

5. 美陆军资助超高压碳化硅应用研究

8月，美国纽约州立大学获得美国陆军研究实验室为期3年、价值207.8万美元的资助，以支持"超高压碳化硅器件制造"（MUSiC）项目。该项目将开发比传统硅基器件电压等级更高、更安全的碳化硅开关器件，以制造用于太阳能、电动汽车到电网等一系列军事和商业用途的功率电子芯片。

（二）二维电子材料

2018年，二维电子材料研究主要集中于材料性能改进、制备技术、拓展应用和新材料开发等方面。

1. 新技术改善二维材料性能

2017 年 12 月，美国哥伦比亚大学联合另三所大学采用纳米制备技术共同开发出一种新型人造石墨烯——固态砷化镓（GaAs）量子阱（见图23），它具有类似石墨烯的蜂窝结构，可将电子和空穴限制在垂直方向。该材料标志着人造石墨烯不仅可用于光子器件，还可用于半导体器件领域，通过选择 P 型砷化镓量子阱中的自旋轨道耦合强度，可产生拓扑绝缘体，有望实现拓扑量子计算，为更加可靠的量子计算机提供理论基础。

图23   人造石墨烯微观结构

1 月，美国海军研究实验室设计了同位素纯度超过 99% 的六方氮化硼样品（见图24），意味着新材料几乎完全由硼－10 或硼－11 组成。硼－10 和硼－11 的原子量差别达到 10%，会导致声子散射，并造成大量光学损耗，限制了该材料的潜在应用。这种方法使六方氮化硼的光学损耗显著降低，可产生新的光学模式，使光线行进距离增长三倍，并且持续时间增加三倍，有利于六方氮化硼实现近场光学和化学传感等功能，可使激光器和纳米级光学器件变得非常小。

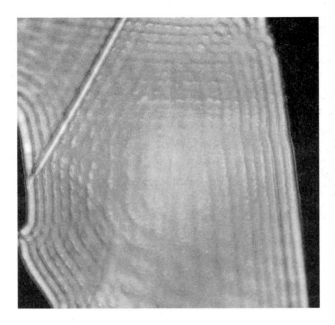

图 24　六方氮化硼电子扫描

6月，美国能源部劳伦斯伯克利国家实验室与法国替代能源和原子能委员会发现斯格明子的产生机制。斯格明子是材料界面处电子的一种自旋模式，可用于磁性介质上数据的存储和擦除。通常斯格明子的产生依赖于重金属中的电子与二维磁性材料中的原子之间的强相互作用，即 DMI 效应。研究人员发现，石墨烯可与钴或镍等磁性材料产生较强的 DMI 效应，从而促进生成斯格明子的产生（见图 25）。

2. 新型二维电子材料多，促进多领域电子技术发展

1月，德国法兰克福大学与荷兰原子和分子物理学研究所（AMOLF）合作，利用极薄的银线和二硫化钨制备出纳米结构。研究人员用圆偏振光照射二硫化钨，产生具有特定自旋方向的激子，激子跃迁时会发射含自旋信息的光子；当光子自旋方向与银导线周围的电磁场旋转方向一致时，只能沿导线传输；通过改变偏振光方向可调整

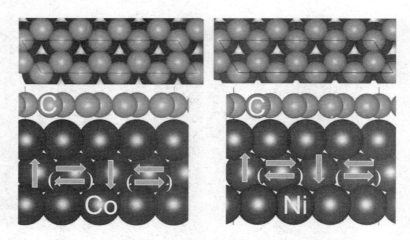

图 25　斯格明子中的 DMI 效应

自旋方向，从而实现室温下将电子自旋信息转换成可预测的光信号（见图 26）。该研究将自旋电子学与纳米光子学结合，可提供一种高效处理数据方式。

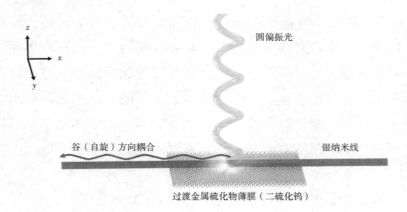

图 26　二维电子材料纳米结构上的特定方向自旋激子

4 月，日本东京大学基于"几何阻挫"概念，制备出透明的结构稳定的超薄双层半导体膜。研究人员采用成本最小的标准液体溶液工艺制备出厚度仅为 4.4 纳米的大面积半导体薄膜。这种超薄半导体薄膜具有由分子通过分子间作用力首尾连接构成有序的、重复排列的人字形结构，表面积大且结构十分稳定，并可使电子器件具有柔性、高灵敏度和超薄等真实细胞的特性，在薄膜晶体管、柔性电子器件或化学探测器中具有应用潜力。

5月，美国哥伦比亚大学开发出一种石墨烯/氮化硼异质结构，兼具宽带隙和良好的导电性。石墨烯具有超高的导电性，但因不具备带隙结构而无法实现电流开/关控制。研究人员先采用两片氮化硼包裹石墨烯构成范德华尔兹异质结构，并将其置于油浴中通过等静压缩短层间距。这种石墨烯/氮化硼范德华异质结构的带隙宽度为0.05电子伏特，高于石墨烯的0.035电子伏特。该研究为设计具有特殊电子性质（如磁性、超导性等）的二维范德华异质结构开辟了一条新途径。

3. 多种新型器件推动二维电子材料实用化进行

2017年12月，美国得克萨斯大学首次以纸张为基材，采用石墨烯和二硫化钼（MoS_2）制备出高性能二维材料晶体管。该晶体管具有优异的导电性，可以使纸基电子器件达到应用物联网和智能传感器所需频率。研究人员采用纳米压印光刻、在线计量、卷对卷生长和塑料转印等技术，在纸上涂覆聚合物薄膜涂层，不仅克服了纸张表面粗糙影响电流、易吸收水分或化学物质的问题，还改善了其耐温性，可满足器件制造需求，未来该技术有望达到商业化水平。

3月，美国麻省理工学院利用二维材料和可悬浮在液体中的微粒制备了一种微型机器人（见图27）。该机器人由二维二硫化钼和二硒化钨制造的三个分立电子器件组成：将光转换为电流的电源、检测分子的传感器以及可检索传感器收集数据的存储器。电源由二硫化钼和二硒化钨构成的p-n异质结光电二极管构成；传感器采用单层二硫化钼生成的化学物质构成，该物质的电阻会随着分子的状态而改变；存储器由银和金两个电极及中间单层二硫化钼组成的忆阻器构成，最后利用范德华力将三个分立的电子器件与漂浮微粒结合形成微型机器人。这种微型机器人可用于人体消化系统监测、地质勘探等领域。

图 27　悬浮机器人结构

4 月，韩国制备出由两层氧化铝与二维二硫化钼晶体管构成的高电子迁移率晶体管（见图 28）。通常，二硫化钼与电极之间的接触电阻非常高，因此，研究人员在二硫化钼与电极之间增加了氧化铝层，氧化铝和二硫化钼界面间具有电子富集半导体效果，能够克服界面间接触电阻问题，从而提高载流子迁移率。同时，该界面表面光滑，避免了因电荷捕获而形成的斑点问题，进一步提高了载流子迁移率。研究人员在 7 微米厚的塑料片上搭载一个 6×6 像素阵列机发光二极管显示器（见图 29），测试结果显示：该晶体管的电子迁移率为 20 厘米 2/伏·秒，可反复弯曲并贴在皮肤上，最小弯曲半径小于 1 毫米。

5 月，美国华盛顿大学采用三碘化铬（CrI₃）制备出几个原子层厚度的新型磁性存储器。该存储器由石墨烯和三碘化铬构成，两层三

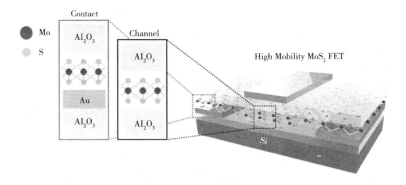

图28　高迁移率二硫化钼场效应晶体管结构

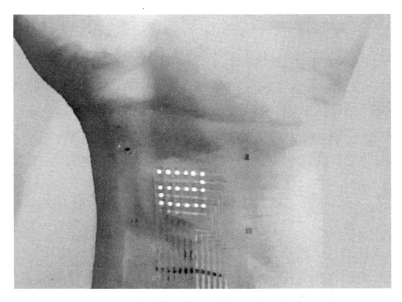

图29　6×6像素阵列机发光二极管显示器

碘化铬材料夹在导电层石墨烯之间，通过调节两层三碘化铬的电子自旋排列情况可使电子在两层石墨烯之间畅通无阻地流动或被阻止流动，实现电流的导通和关闭状态切换，并用二进制代码0和1来编码信息（见图30）。该存储器件对电子的阻断效果比当前常用方法高10倍以上，且可进行多位信息存储。

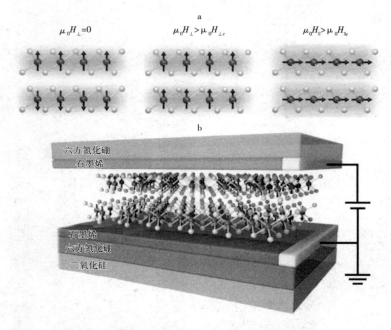

**图30 三碘化铬中电子自旋排列情况（a）和
超薄磁性存储器结构（b）**

9月，荷兰格罗宁根大学与德国雷根斯堡大学合作优化了双层石墨烯器件。研究人员将石墨烯置于过渡金属二硫化物附近，构成具有较高内在自旋—轨道耦合强度的层状结构。高自旋—轨道耦合强度通过界面处的短程相互作用转移到石墨烯，从而控制自旋电流，并利用自旋寿命各向异性提高自旋电流寿命。该器件为高质量石墨烯中高效的电控自旋开辟了新的途径，未来可用于自旋逻辑器件领域。

（三）磁性材料

磁性材料是传感器、数据存储器等技术领域的基础材料，随着电子设备小型化发展，需要更紧凑、更高效的新型磁性材料，同时能够用精确可靠的方法对其进行控制。2018年，磁性拓扑绝缘材料和二维磁性材料研究备受关注，磁性存储器件、自旋电子器件性能持续取得进步。

1. 自旋波晶体管进一步走向实用

3月，荷兰格罗宁根大学利用电绝缘磁性材料制备出基于磁振子的自旋晶体管。该器件由三条铂金和钇铁石榴石（YIG）磁体构成，通过直流电实现自旋注入和自旋电流控制，可与普通电子器件兼容（见图31）。该自旋晶体管有望集成数字存储单元和处理单元，可实现零能耗的非易失性存储，从而使计算机变得更快、更节能。

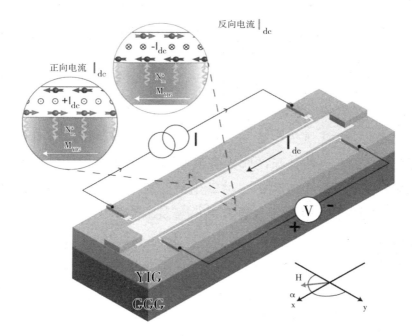

图31 钆镓石榴石（GGG）衬底上的钇铁石榴石
自旋波晶体管结构

2. 日本取得拓扑自旋电子学的巨大突破

7月，日本东京理工大学利用高精度分子束外延（MBE）法生长出锑化铋（012）薄膜。测试结果显示：锑化铋薄膜在室温下可实现约52°的自旋霍尔角，电导率和自旋霍尔电导率分别达2.5×10^5和1.3×10^7，比之前报道提高了2个数量级，可满足先进存储器件的需求。基于锑化铋（012）薄膜的旋转轨道扭矩磁性随机存取存储器（SOT-MRAM）的性能与先进动态随机存取存储器（DRAM）相当，可满足物联网等领域对高密度、超低功耗和超快速非易失性存储器的需求。此外，该材料还有望促进高性能纯自旋电源的开发，推动自旋电子学发展。

（四）有机电子材料

2018年，有机电子材料研究取得较大进展，多种新型有机电子材料问世，加速应用进程。

1. 新型纳米结构实现最稳定有机薄膜晶体管

1月，在美国海军研究署、空军科学研究办公室、国家核安全局的共同资助下，美国佐治亚理工学院采用原子层沉积法制备出新型有机薄膜晶体管。有机薄膜晶体管由氟聚合物层和纳米层压薄片构成，其中纳米层压薄片由氧化铝层和氧化铪层的交替排列，厚度约为50纳米。测试结果表明，新型有机晶体管具有良好的开关性能，且在75℃高温下工作数百小时后，性能几乎保持不变，是目前最稳定的有机晶体管，未来可用作栅极电介质，保护有机半导体免受周围环境破坏。

2. 银基透明导电薄膜有望用于开发柔性屏幕

6月，南丹麦大学利用胶体光刻法制备出可规模化生产的银基透明电极（见图32）。大多数透明电极由氧化铟锡（ITO）制成，存在明显的脆性问题，不能用于柔性电子设备或显示器。研究人员先采用大小均匀、紧密堆积的单层塑料纳米颗粒涂布10厘米的晶片并经烘干制作出掩模板，然后在掩模板上沉积银薄膜，随后溶解颗粒实现图案化，最终得到透明导电薄膜。该薄膜通过改变厚度可实现更高的透明度和更低的导电率。实验结果表明，该薄膜电极的性能明显优于目前的柔性显示器和触摸屏，可满足多种柔性器件需求。

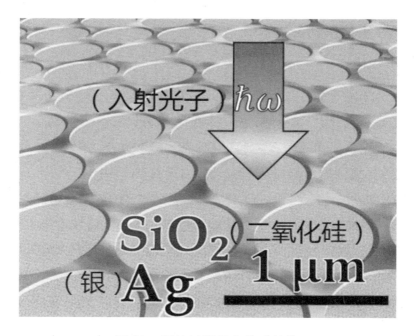

图32　银基透明导电薄膜结构

3. 新型部分有机材料可用于可弯曲的移动电话

10月，澳大利亚国立大学（ANU）采用化学气相沉积法研制出一种由有机材料和无机材料共同组成的半导体材料。该半导体材料的有机组分由碳元素和氢元素制成，厚度仅为一个原子，无机组分的厚度约为两个原子。该半导体材料为透明材料，且厚度薄、柔性好，通过调节不同组分的比例，还能改变材料的厚度，从而调整其透明性和导电性。该材料可用于可弯曲屏幕和移动电话等柔性电子设备。

该材料的有机组分仅由碳元素和氢元素制成，厚度仅为一个原子，无机组分的厚度约为两个原子，其性能比使用硅等无机材料制造的传统半导体效率更高。新型半导体结构发出的光线非常清晰，因此可以用于高分辨率显示器，并且由于材料超薄，有望很快用于可弯曲的屏幕和移动电话。

（五）材料制备技术

随着电子器件向小型化、高集成度、可穿戴化发展，二维材料、柔性电子材料的制备技术研究也日益重要。2018年，材料制备技术的研究主要集中于二维材料、柔性电子材料的研究与制备。

1. 新型3D打印合金技术加快柔性电子技术发展

3月，美国俄勒冈州立大学工程学院通过将镍纳米颗粒加入镓铟锡合金中得到一种新型3D打印材料。金属镓铟锡合金具有低毒性和良好的导电性，且价格低廉，能够进行自我修复，已被用作柔性电子产品中的导电材料，但仅限于印刷二维结构电路。研究人员采用基于金属镓铟锡合金的新型3D打印材料为墨水，通过3D打印制备出高10毫米、宽20毫米的弹性双层电路，两层电路之间相互交织却彼此不接触。该研究不仅将金属镓铟锡合金的应用领域进一步扩大到高复杂结构的3D打印，同时推动快速制造柔性电脑屏幕和其他可伸缩电子设备（包括软机器人）的发展（见图33）。

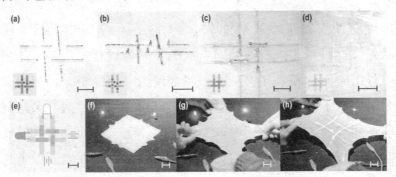

图33　共聚酯上的金属印刷电路制备过程（a~d），
加入LED和电池的完整双层电路（e），
弹性双层电路实物展示（f~h）

2. 机器人系统可极大提高纳米结构大规模制备效率

5 月，日本研究人员采用更好的编码器电动平台，制造了一套由自动光学显微镜、芯片转移机器人臂和冲压设备组成的系统。该系统克服了制备过程中不精确的问题，节省了大量时间，能够以比人类更快的速度堆叠具有范德华异质结构的二维（2D）材料。相较于研究人员需耗时数天组装 13 层范德华异质结构，日本开发的系统可在 32 小时内组装 29 层。这种机器人系统不仅推动了纳米技术研究的发展，同时还可用于大规模纳米技术制造业。

十　新能源技术

2018 年，太阳能电池、新型蓄电池、燃料电池、超级电容器等多种电能源技术作为电子设备的重要组成部分继续快速发展。太阳能电池效率不断突破，锂离子电池安全性继续提高，新概念燃料电池进一步降低用电成本，多种新型电池技术继续推动电池向小型化、高性能方向发展。

（一）多种太阳能电池效率进一步提升

2018 年，在新工艺的推动下，无机薄膜太阳能电池效率屡创新高，钙钛矿太阳能电池稳定性及实用性进一步提升，有机薄膜太阳能电池的转换效率首次达到 15%，满足商业化应用要求。

1. 新氮化硼分离工艺可以促进更高效的太阳能电池

2018 年 10 月，美国佐治亚理工学院、法国国家科学研究中心（CNRS）、法国梅斯拉斐特研究所利用氮化硼分离层生长氮化铟镓（InGaN）太阳能电池，然后将其从原始蓝宝石衬底上提起并放置在玻璃基板上。InGaN 通过弱的范德华力附着到氮化硼上，氮化硼层不会影响在其上生长的氮化铟镓的质量，且能够将 InGaN 太阳能电池剥离而不会造成破坏（见图 34）。

图34　研究人员利用新氮化硼分离工艺制备高效太阳能电池

新的剥离技术可以实现将 InGaN 电池与由硅或砷化镓太阳能电池串联，扩大光吸收范围，促进更高效率的混合光伏器件，理论上可以将太阳能电池效率提高30%。该技术可以为太阳能电池的生产提供更高的效率和更低的成本，适用于广泛的地面和空间应用，是轻型、低成本和高效光伏应用的重大进步。

2. 多种无机薄膜太阳能电池效率再创新纪录

2018年1月，美国空军研究实验室（AFRL）和 SolAero 技术公司研发出新型先进倒置变形多结（IMM）太阳能电池。该电池阵列通过在砷化镓（GaAs）上倒置生长太阳能电池单元，能够有效地调控单个吸收层的材料特性，可更有效地吸收太阳光，实现更优异的性能。通过移除刚性生长衬底，还可获得更轻的柔性太阳能电池。单个电池单元的光电转换效率达32%，输出功率比同等尺寸标准多结太阳能电池阵列提高了15%，比现有多结电池更高效、质量更轻，能够满足空间应用中对能效和质量的要求。

2018 年 4 月，美国伊利诺伊州奈尔斯的微寰公司在 6 英寸砷化镓（GaAs）衬底生产平台上制备出三结外延层剥离（ELO）薄膜太阳能电池。光电转换效率创下了 37.75% 的新纪录，并通过了美国国家可再生能源实验室（NREL）的正式认证。与目前任何可用太阳能电池相比，这种太阳能电池兼具了最高效率和最低质量密度的优势，在高要求的无人机和卫星领域具有较大应用潜力。

2018 年 7 月，美国国家可再生能源实验室（NREL）证实，位于美国加利福尼亚州桑尼维尔的阿尔塔设备公司（2014 年起成为中国北京汉能薄膜电力集团有限公司的子公司）将单结砷化镓（GaAs）太阳能电池的能量转换效率从 28.8% 提高到 28.9%。这是阿尔塔设备公司自 2010 年以来第五次创造了 GaAs 单结太阳能电池效率的纪录。

3. 钙钛矿太阳能电池稳定性及效率继续提高

钙钛矿是开发廉价、环保和高效太阳能电池最有前景的材料之一，钙钛矿太阳能电池自从 2009 年被发现以来发展迅猛，光电转换效率已达到 22.1%。由于长期环境稳定性差，钙钛矿型太阳能电池一直未实现商业化。发展性能更好的、与钙钛矿结构间能级匹配的空穴传输材料至关重要。2018 年 7 月，韩国化学技术研究所开发了一种苊封端空穴传输材料，并且制备出了效率达 23.2% 的高效稳定钙钛矿太阳能电池，具有良好的环境稳定性。这为推动钙钛矿太阳能电池的进一步发展做出了重要贡献。

钙钛矿—硅串联太阳能电池可利用较低成本实现较高的光电转换效率，超越商业硅太阳能电池的转换效率限制。但这种串联太阳能电池需要有效利用太阳光谱。2018 年 7 月，欧洲太阳能机构 Solliance 的合作伙伴之一——IMEC 纳米研究中心展示了具有高效照明管理的四结钙钛矿—硅串联太阳能模块。通过对完整串联堆栈的严格光学模拟，研究人员设计了光线管理概念，可最大限度地减少整体反射并增强子单元的互补吸收。有效面积 0.13cm^2 的四结串联太阳能电池功率转换效率达到25.3%，有效面积4cm^{2}的四结串联太阳能电池转换效率达23.9%，都超过纯硅基太阳能电池的效率（23.0%）。

4. 有机太阳能电池转换效率首次达到商业化要求

有机太阳能电池的优势非常明显，包括价格便宜、质轻、可以制成柔性器件等等。影响其商业化的主要壁垒还是能量转换效率太低，低于市场化所要求的15%。

2018年5月，美国密歇根大学将溶液加工法制备的基于非富勒烯受体的红外吸收电池与真空蒸镀法制备的基于富勒烯受体的可见光吸收电池叠在一起，实现了15%的能量转换效率，是当前有机太阳能电池的最高纪录。此外，这种叠层器件的制备产率可高达95%，面积可达1cm^2。实验结果同时表明，通过将三层或更多子电池叠在一起，量子产率可以从75%提高到90%以上，多结有机太阳能电池的效率可以达到18%左右，有望实现商业化应用。

（二）锂离子电池储电量及安全性显著提升

提高储电量及安全性是近年来锂离子电池发展的重要方向，也是2018年锂离子电池的发展重点。

1. 锂—氧化铁电池有望将锂离子电池储电量提升8倍

2018年1月，在美国能源部（DOE）能源前沿研究中心项目支持下，美国西北大学和阿贡国家实验室通过引入铁和氧气，研制出可充电锂—氧化铁电池，大幅提高锂离子电池容量，电池续航能力有望提升8倍，满足多种应用需求。

锂离子电池阴极通常由过渡金属（通常是钴）氧化物、锂离子构成，通过阳极的氧化还原反应，锂离子失去/获得电荷，实现充电、放电功能。一个钴原子通常只能对应一个锂离子，因此限制了电池的存电量。研究团队使用铁代替了钴，通过使用数值计算，确定了锂、铁和氧的正确配比，使锂离子、铁离子、氧离子之间实现恰当的平衡反应，氧离子能够参与阴极氧化还原反应，不仅增加了参与反应的锂离子数量，而且氧离子不会变成氧气释放，确保反应过程可逆。该可充电锂离子电池具备完全充放电能力，并且通过使用铁和氧气来同时循环四个锂离子，这意味着电池续航能力将提升 8 倍。

2. 新型锂电池提高了军事武器系统的性能和安全性

目前在美军坦克汽车应用的电池为 20 世纪 70 年代开发的铅酸电池。这种电池需要用户定期打开电池补充酸性电解液，以维持电池性能。2010 年，美国国防后勤局（DLA）启动"电池网络"（BATTNET）计划，旨在改进陶 2（TOW2）反坦克导弹系统电池，解决电力系统维护问题，提高制造能力（见图 35）。2018 年 6 月，美国国防后勤局、陆军工业基地、电池制造商在该项目的资助下，合作研制出用于 TOW2 反坦克导弹系统的新型锂离子动力系统，以及用于诸如布拉德利战车等装甲车辆的新铅酸蓄电池。新型锂离子电池的液体电解质改为凝胶或玻璃状固体材料，延长了电池的使用寿命，并消除了酸处理的危险，储能时间更长。这种锂离子电池系统具有多项优点，可将充电管理所需的电子设备集成到电池系统内，无须旧充电装置、电源调节器等，重量减轻了约 54.4 千克，每年预计节省采购费用 800 万美元。其中，型号为"BB－2590"的锂离子电池是一种标准电池，已经用于陆军和海军陆战队的多种系统。新型锂离子电池系统体积可容纳两台 BB－2590 锂离子电池，能够满足导弹制导系统和夜视瞄准器的电能要求。

3. 日本设计出更高比能的全固态可充电电池

由于缺乏合适的固体—固体异质界面，全固态锂离子电池的充放电倍率和比能较低。2018 年 2 月，日本信州大学开发了一种提高锂离子电池效率的新方法：通过立方晶体层的生长，在电池的电极之间形成了一层薄而致密的连接层。

研究人员使用熔融氢氧化锂（LiOH）为溶剂（助焊剂），在铌（Nb）

图 35　美士兵与陶 2（TOW2）反坦克导弹

衬底上生长出石榴石结构固体氧化物电解质锂镧铌氧（$Li_5La_3Ni_2O_{12}$）晶体层。该晶体层可直接生长在衬底上，与电极紧密连接，且能够控制层的厚度和面积。研究表明，将电极层制备成 100 微米，采用该电解质的全固态锂离子电池便可实现更高能量密度。

（三）新概念燃料电池促进成本降低

在传统的燃料电池中，来自氢的电子和质子从一个电极传输到另一个电极，与氧气结合，将化学能转化为电能。为了提高电池效率，通常采用十分昂贵的贵金属催化剂，导致燃料电池成本居高不下。2018 年 10 月，美国威斯康星大学麦迪逊分校采用价格较为便宜的金属钴作为催化剂，设计了一种新型燃料电池。金属钴作为催化剂需使用较大剂量才能实现理想的催化效果。为了避免将过多的催化剂附着在电极上，导致电池效率降低，研究人员又研制出一种超稳定的有机物——醌衍生物。醌衍生物可以同时携带两个电子和质子，在燃料电池电极处拾取电子和质子，将其输送到钴催化剂的反应器，然后返回燃料电池以接收更多的电子和质子。采用这种有机物可以低成本催化燃料电池电极，也避免了催化剂在电极附着。

这种醌衍生物可持续工作长达 5000 小时，是当前醌化合物寿命的 100 多倍。虽然这种新型燃料电池的输出功率只有商业燃料电池功率的 20%，但为降低电池成本提供了新的思路。

（四）多种新型电池技术推动小型化、高性能电池发展

随着电子器件向小型化、多功能化发展，大容量、小型化是电能源技术的重要发展方向，质子电池、三维结构电池、新型水性锌电池在减小电池体积、提高电池比能方面展现了较大潜力。

1. 质子电池研究取得突破

2018 年 3 月，澳大利亚墨尔本理工大学开发出一种可充电的"质子电池"（见图 36）。该电池使用碳电极作为氢储存器，结合了燃料电池的优势，制成可充电单元。质子电池内部活性表面积仅为 5.5 cm^2，其单位质量的储能量与市售锂离子电池相同。经过进一步优化后，该质子电池可用于中等规模的电网存储，满足未来的能源需求。

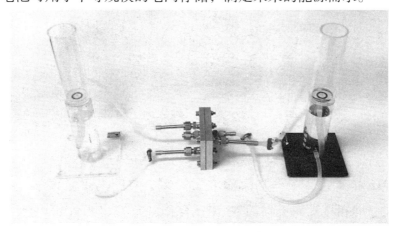

**图 36　墨尔本理工大学可持续发展氢能源实验室中
正在测试的质子电池（中）**

2.三维电池结构有望减小电源尺寸

随着电子设备不断向小型化发展，传统电池需要重新设计，以达到更小的体积，同时不影响性能。2018 年 5 月，美国洛杉矶加州大学研制出三维锂离子电池（见图 37），电池采用"同心管"设计，负极为硅纳米柱阵列，均匀间隔排列，表面覆盖一薄层聚合物电解质，负极柱之间的区域填充锂离子电解液作为正极材料。该电池实现了 5.2 毫瓦时/厘米^2 的比能，这种电池面积仅为 0.09 厘米^2，可经受100 次充放电循环。

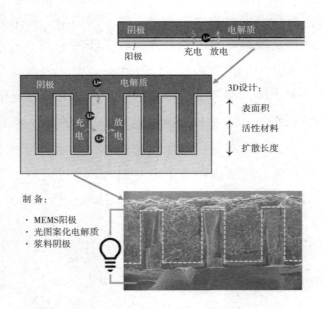

图 37　超小尺寸三维锂离子电池

3.新型水性锌电池兼具高比能、可充电和安全的优点

2018 年 4 月，美国陆军研究实验室、美国马里兰大学（UMD）及国家标准和技术研究院（NIST）合作，研发出水性锌电池，兼具高比能、可充电、安全等特性。

2017 年 9 月研究人员研发出一种新型聚合物凝胶涂层，制出首个工作电压达到 4 伏的水性电解液锂离子电池。新型聚合物凝胶涂层涂在电极上后，水分子无法靠近电极表面；首次充电后，凝胶分解形成稳定界面，将电极和电解液隔离，阻止水分子在工作电压下分解，提高了电池的储能和充放电性能。

在此基础上，研究人员将锌电池技术与水性电解液锂离子电池相结合，开发出了比能更高、安全性更高、成本更低的可充电电池。电池使用水性电解质替代易燃有机电解质，极大地提高了电池的安全性；通过添加金属锌和在电解液中添加盐，有效地提高了电池的比能。这种水性锌电池有望用于消费电子、汽车、太空、深海等领域。

国防电子工业篇

　　鉴于军事电子装备与技术在现代化战争中的重要性日益提升，近年来，军事电子工业发展备受各国关注。2018 年，世界军事电子工业总体延续了 2017 年的快速发展态势。在预算投资方面，国外继续为军事电子技术发展提供稳定的资金保障；在军事电子市场方面，未来十年，全球各主要军事电子产品市场仍将延续增长态势。

一　美国国防部相继发布工业能力评估报告，
　　全面满足军队现代化的工业基础需求

（一）美国国防部发布新版国防工业能力评估报告

　　2018 年 5 月 17 日，美国国防部负责制造与工业基础政策的副助理部长办公室公开了《2017 财年工业能力》。报告认为美国国防工业总体向好，但仍面临需求不稳、对外依赖、业务整合、人才和技能流失等威胁。报告总结了发展国防工业基础的优先事项，按飞机、C4（指挥、控制、通信、计算机）、电子、地面车辆、材料、弹药与导弹、雷达与电子战、舰船、航天、装备维修保障等十个行业进行了评估。

对于 C4 行业，报告指出美国 C4 行业对全球供应商和商业企业存在依赖，增加了伪冒产品进入国防系统的风险，且越是下级供应链，其产品供应情况就越难以追溯。C4 系统面临的长期挑战是：在减少尺寸、质量和降低成本的同时，提高性能并跟上技术发展步伐。对于电子行业，报告重点对印刷电路板和半导体供应链进行了评估，指出全球印刷电路板市场价值 2015 年达到 600 亿美元，比 2000 年翻一番；中国目前在该市场中占据 50% 的份额，而美国仅占不到 5%。全球半导体市场已从 1996 年的 1320 亿美元增至 2016 年的 3390 亿美元，主要增长来自除日本以外的亚太国家，但美国在这一市场依然占据主导地位。此外，各层级生产商围绕某些芯片尺寸的整合趋势仍在继续。

（二）美国国防部发布报告，评估美国制造业和国防工业基础及供应链弹性

2018 年 10 月 5 日，美国国防部发布《评估并强化美国制造业和国防工业基础及供应链弹性报告》（以下简称为《报告》）。《报告》解释了造成美国制造业和国防工业基础的十种风险形态的五种宏观因素，阐明了这些风险形态对各部门的影响，并提出了风险缓解建议。

《报告》指出，以下五种宏观因素影响整个工业基础的发展，使能力恶化：财政减赤以及美国政府支出的不确定；美国制造业能力的衰落；美国政府的业务实践；竞争国家的工业政策；美国劳动力科学、技术、工程和数学（STEM）以及贸易技能的衰退。这些宏观因素产生以下十种风险形态，进而导致国防部供应链不安全：唯一来源、单一来源、脆弱供应商、脆弱市场、产能受限的供应商市场、外国依赖、制造业来源衰减以及原材料短缺、美

国本土人力资源不足、美国本土基础设施的侵蚀、产品安全性。这些风险形态对各部门产生超过 280 种影响，严重影响工业基础的活力与弹性。此外，《报告》还强调了四项重大发现：宏观因素主要影响国防次级供应链、对与美国存在竞争关系的国家依赖程度极重、所有部门均面临劳动力挑战、很多部门继续将关键能力转移到海外。

针对上述风险，《报告》建议：通过《2018 两党预算法案》增加国防部短期预算稳定性，为 2019 财年提供稳定经费；使外国投资委员会现代化，并依据《1974 年贸易法》第 301 条启动对中国知识产权窃取行为的调查，以对抗中国的工业政策；更新常规武器转让政策和无人机系统出口政策；改组原国防部采办、技术与后勤办公室，调整国防部采办条例咨询委员会的工作，并开发适应性采办框架；重组国防采办大学，以建立劳动力教育与培训资源；响应《2018 财年国防授权法》第 1071（a）条，制定流程以提升分析、评估及监视工业基础脆弱性的能力；制定《国家先进制造业战略》；劳工部"学徒项目"；国防部"提升国家安全和经济竞争力的微电子创新"项目；国防部旨在维持技术优势的跨职能团队；应用基于风险的方法以监督国防工业安全项目承包商。

二 人工智能和网络空间成为各国机构
调整的重点领域

（一）美国相继成立人工智能领域相关委员会，自上而下统筹规划部署人工智能发展

1. 成立人工智能特别委员会

2018 年 5 月 10 日，美国白宫宣布成立人工智能特别委员会。新

委员会的任务是"加强联邦人工智能相关工作的协调，确保美国在这一领域继续保持领先地位"。委员会将在国家科学技术委员会（NSTC）内运作，致力于发挥美国在人工智能领域的领导作用，制定机构间人工智能的研究和发展目标，协调机构研发计划并鼓励进一步的机构举措，包括加强与工业界和学术界的合作。

根据委员会的章程，委员会成员包括商务部负责标准和技术的副部长、国防部研究与工程副部长、国防先期研究计划局局长、能源部负责科学的能源副部长、国家科学基金会主任和国防高等研究计划局局长。委员会将由美国科学和技术政策局（OSTP）负责管理，成员还包括管理和预算办公室和国家安全委员会的代表。

该委员会在 2018 年 6 月 27 日召开的首次会议上决定新设两个小组，分别负责两个领域的工作：一是机器学习和人工智能（MLAI）小组，将作为委员会的运营和执行部门；二是网络与信息技术研发（NITRD）小组，将与联邦政府资助的 NITRD 计划共同成立一个新的跨机构研发工作组。

2. 成立人工智能和机器学习政策与监督委员会

2018 年 4 月 25 日，美国众议院军事委员会发布《2019 财年国防授权法案》草案，提出国防部将建立人工智能和机器学习政策与监督委员会，统筹并促进国防部内部人工智能和机器学习的发展，推进研究、创新、政策、采办等工作。委员会由国防部负责研究与工程的副部长领导，成员包括各军种、国防先期研究计划局局长、负责采办与维护的国防部副部长及其他国防部高级官员。这项措施是因担忧中国发展人工智能而提出的，美军人工智能领域呼吁政府集中力量解决该问题。

（二）白宫科技政策办公室设立量子信息科学小组委员会，推动量子通信和量子计算技术发展

2018 年 6 月 22 日，白宫科技政策办公室（OSTP）在国家科

学技术委员会下设立了量子信息科学小组委员会，负责协调量子技术议程，帮助对接联邦政府内的量子技术研发、投入工作。白宫官员表示，该小组委员将着手于量子技术对美国经济和国家安全的影响，以协调联邦政策。小组委员会负责人包括国家标准与技术研究院、能源部、国家科学基金会的专家，以及科技政策办公室负责量子信息科学的助理主任雅各布·泰勒。小组委员会成员还包括国防部、农业部、卫生及公共服务部、国土安全部、内政部、国家情报局局长办公室、国家航空航天局和国家安全局的代表。

（三）德国政府批准成立新网络安全与创新机构，加大网络安全发展力度

2018年9月，德国总理默克尔批准成立新的网络安全机构"网络安全与关键技术颠覆性创新架构"（ADIC），确保德国"领先的科技创新能力"，同时加快网络安全技术的采办进程。该机构由国防部和内政部联合领导，2019～2022年预算为2亿欧元，机构成员将包括100名网络安全领域的专家。

（四）越南组建网络空间作战司令部，应对未来网络战争

2018年1月8日，越南国防部宣布成立网络空间作战司令部，研究和预测未来网络战争，这是越南保护敏感信息免遭网络攻击的战略行动之一。司令部将由军方管理，政府部门配合，保护国家网络主权和重要基础设施，并支持国家"工业4.0"技术投资和部署，以促进社会经济发展。越南对网络防御的投资计划已引起西方军工企业的兴趣，部分企业有意提供网络防御解决方案，进入越南市场。

三 美、法发布预算投资报告，为军事电子技术
发展提供稳定的资金保障

（一）美国白宫发布2020财年研发工作备忘录，指导政府部门制定电子领域相关研发预算

8月2日，美国白宫管理与预算办公室发布《2020财年政府研究与开发预算优先事项》备忘录（以下简称"备忘录"），提出国民安全，人工智能、量子信息和战略计算，连通性和自主性，制造业，太空探索和商业化，能源，医学，农业八个重点研发优先领域，为各部门制定2020财年预算提供指南。其中，在国民安全方面，美国政府必须在人工智能、自主系统、高超声速、现代化核威慑以及先进微电子、计算和网络能力方面优先投资，注重提高国家关键基础设施的安全性和恢复能力，防范自然灾害、武力打击、网络攻击、自主系统和生物等新威胁。在人工智能方面、量子信息科学和战略计算方面，应投资人工智能基础和应用研究，包括机器学习、自主系统和前沿技术应用；优先考虑量子信息科学（QIS）研发，构建探索下一代QIS理论、设备和应用所必需的技术和科学基础；优先考虑保持美国在战略计算领域的领先地位。在连通性和自主性方面，应支持先进通信网络的开发和部署，包括研发新的频谱管理方法、安全网络，以及增加对高速互联网的使用；需安全有效地将自动驾驶系统和无人机系统（UAS）整合进美国道路交通和空域管理，为UAS制定运营和交通管理标准。此外，备忘录还在制造业、太空探索和商业化、能源主导地位、医学创新和农业方面提出优先投资重点。

（二）美国国防部2019财年军事电子领域开支增长，研发投资领域增幅较大

根据美国国防部2019财年国防预算申请，国防部2019财年用于

军事通信、电子、通信和情报（CET&I）技术的研发与采购预算申请共计129.3亿美元，其中不包含航空电子设备、车载电子设备以及导弹制导等。与2018财年国防部在该领域的经费投入相比，2019财年CET&I预算申请增加了14.2亿美元，增幅为12.3%。

总体而言，美国国防部2019财年CET&I预算申请一方面包含98.3亿美元的采购支出，比2018财年（83亿美元）增加18.36%；另一方面包含31亿美元的研究、开发、试验和鉴定（RDT&E）预算申请，比2018财年（32.1亿美元）有所下降。具体来看，2019财年海陆空和海军陆战队CET&I预算申请如表1所示。

表1　2019年美国各军种CET&I技术研发采购预算

单位：亿美元

军种	项目	经费
陆军	战术网络技术现代化	4.691
	手持式小型无线电	3.516
	商用现货通信设备	2.138
	通信安全领域	0.883
	信息系统	1.043
	信息基础设施的现代化	2.278
	陆军分布式通用地面系统	2.997
	夜视装置	1.536
	间接防火系列系统	2.97
	联合作战司令部平台	4.314
	反火雷达	3.273
	自动数据处理设备	2.304
海军	快速攻击潜艇声学设备	3.182
	固定监视系统深海声呐	2.947
	AN/SLQ-32舰载电子战系统	4.203
	舰载信息战	2.209
	综合网络和企业服务计划	4.23
	海军多频带终端	1.139

军种	项目	经费
空军	通信安全设备	1.144
	空中交通管制和着陆系统	1.148
	空军物理安全系统	2.054
	作战训练靶场	1.327
	基本应急通信	1.4
	空军网络	1.028
	战术通信和电子设备	1.901
	基础通信设施	1.694
海军陆战队	地面/空中任务导向雷达	2.25
	指挥所系统	1.248
	情报支持设备	0.738
	下一代企业网络	0.871
	无线电系统	2.797

（三）美国加大对微电子技术研究的投资

2018 年 6 月 14 日，美国《国防》杂志刊文称，为应对中国等国家加大微电子领域的投资，美国国防部计划在 2019～2023 财年斥资约 20 亿美元，启动"创新微电子，增强国家安全和经济竞争力"项目。该项目重点关注以下方面：①与美国国防先期研究计划局合作开发下一代微电子技术；②开发抗辐射产品等专业化系统；③电子系统设计的安全性；④采用先进的微电子设备对武器系统进行升级。

（四）法国拟增加人工智能武器系统研发投入

3 月 16 日，法国国防部长宣布，将人工智能领域开支增加至每年 1 亿欧元，并持续跟踪民用人工智能技术发展，用于创新研发未来武器系统。其中，约 5000 万欧元预算用于研究，1000 万欧元用于对现有人工智能技术进行集成与试验。到 2022 年，法国武器装备总署采购办公室及各军种将聘请约 50 名人工智能专家。

四　国防电子企业兼并重组呈现活跃态势

（一）大型国防电子企业不断并购重组，聚焦核心业务板块

7 月，L3 技术公司以 5000 万美元收购了应用防御规划公司（ADS），加强其在空间态势感知关键任务部分的业务能力，尤其是在多域指挥控制方面；以 5.4 亿美元现金将其 Vertex 航空业务出售给美资产业合伙人，并按惯例进行资金调整，交易中还包括 Crestview 航空及 TCS 业务部门；宣布以近 2 亿美元收购了澳大利亚阿斯玛斯安全公司（Azimuth Security）和加拿大关键实验室公司（Linchpin Labs）两家信息安全公司，加强 L3 技术公司在 C6ISR（C4ISR、网络防御和作战系统）领域的实力。此外，该公司将积极进军日本、新加坡、沙特和阿联酋等国家的传感器和通信市场。未来，L3 公司希望填补全球 C6ISR 市场在无人潜航器和水下情报监视侦察平台等领域的技术空白。8 月，L3 技术公司宣布业务部门重组计划，即将空间系统部和传感器系统部合并，组建新的情报、监视与侦察系统部（ISR）。此次调整有助于 L3 技术公司整合优势资源。同时，新部门的规模效应凸显了该公司在全球情报监视侦察领域主承包商的吸引力，有助于满足客户日益增长的需求。此外，电子系统部和通信系统部将保持不变。10 月，L3 公司与哈里斯公司合并，成立全球第七大防务企业，聚焦军事战术通信和航空电子领域。

此外，4 月，通用动力公司用 97 亿美元完成对信息技术提供商 CSRA 公司的收购。

（二）电子企业并购重组频繁，网络安全和情报侦察成热点

4月，全球另类资产公司 TPG 公司将从英特尔公司收购风河公司。此次收购将使风河公司成为一家领先的独立软件提供商，并在市场中占据优势地位。风河公司的产品阵容具备从边缘到云端的综合性优势，将进一步推动关键基础设施领域的数字化转型。5月，帕森斯公司宣布收购北极星阿尔法公司，这是该工程公司在网络、太空和 C4ISR 市场发展的最新举措。该公司将通过提高北极星阿尔法公司在电磁战、空间态势感知、多域指挥控制技术方面的专长来扩大其在美国的业务。6月，美国卫讯公司收购了霍斯布里奇防务安全公司，网络安全产品组合得到加强，能够提升支援英国军事行动的能力。6月，埃尔比特系统公司宣布，其与以色列政府就收购 IMI 系统公司达成协议，已获得国家股票买卖招标委员会和公司董事会的批准。此次收购价格约为 4.95 亿美元，另外若 IMI 系统公司达到某些绩效目标会额外支付约 2700 万美元。8月，水星公司官方宣布以 4500 万美元全资收购了哲美恩公司，将加强水星公司在 C4ISR 市场方面的渗透，并为消费者提供服务升级。

（三）基础电子领域并购保持稳定，巩固领先地位

3月，微芯片技术公司宣布以 83.5 亿美元收购美高森美公司，此举将进一步扩展微芯片公司的业务和客户规模。美高森美公司负责人认为，通过将微芯片技术公司领先的嵌入式控制市场地位与美高森美公司的全球级功耗、安全性、可靠性和性能解决方案相结合，可以为美高森美公司股东、员工和客户带来极具吸引力的机会。同月，美国科瑞公司以约 3.45 亿欧元兼并了德国英飞凌公司射频功率业务分部。该交易涵盖了位于美国加州摩根山（CA）的对横向扩散金属氧化物半导体和碳化硅基氮化镓封装与测试的基础设施。位于 CA 最先

进的后端制造工艺，以及领先的知识产权和技术组合也是该交易的一部分。该交易不包括位于 CA 的英飞凌芯片卡和安全（CCS）业务，该业务将继续留在原址，并作为英飞凌的一部分继续运营。此次并购巩固了科瑞公司在射频碳化硅衬底氮化镓技术方面的领先地位，获得了额外的市场、客户和封装专业知识。

五　先进制造和试验鉴定成为电子领域能力建设的关注点

（一）美国继续推进先进制造能力发展，维持世界领先地位

8 月，雷声公司宣布投入 7200 万美元，在其位于马萨诸塞州的场地内建设占地 2700 平方米的工厂，作为行业领先的创新制造业基地。新工厂采用先进自动化技术，支持复杂雷达测试和集成。新的雷达制造设施具有两个近场雷达测试场，其中一个是雷声公司最大的测试场，建有 1.5 兆瓦变电站，满足当前和未来雷达项目的电力需求，可通过自动导引车实现自主物料运输，并且是首个应用于国防工业雷达阵列组装的"双机器人"系统。新设施将成为美国雷达测试的主要场所。

（二）美军重点发展软件密集型装备试验鉴定能力

1 月，美国国防部作战试验鉴定局局长向国会提交《美国作战实验鉴定年度报告》，报告提出将重点关注软件密集型系统及网络安全试验、一体化试验、试验基础设施，以及建模仿真领域的建设。报告强调要投资开发自动化测试工具，加强自动化软件实验工具的研发。同时要加强国防部网络层面安全态势评估，进行严格的网络安全试验和网络安全易损性评估，不仅要求"红方"定期独立进行

网络安全评估，而且要求增加专门评估，持续监测网络安全，自动发现和修补软件漏洞。更新网络安全试验指南和基于风险的实验指南，将网络安全试验扩展到采办全周期，从研发早期就介入系统的体系结构设计。

六 全球主要军事电子产品市场仍将延续增长态势

2018 年，美国 Marketsandmarkets 公司发布了多份报告，对 C4ISR、电子战、软件无线电、导航、人工智能、3D 打印等领域的国防市场进行预测分析，结果表明未来五至十年全球主要军事电子产品市场仍将保持活跃态势。

（一）亚太地区成为全球 C4ISR 市场增长最快的地区

2018 年 1 月，《C4ISR 的应用、平台、解决方案、用户和地区市场——至 2022 年的全球预测》发布，指出全球 C4ISR 市场规模预计将从 2017 年的 1002.5 亿美元增长至 2022 年的 1193.9 亿美元，年复合增长率为 3.56%。市场增长驱动因素包括 C4ISR 系统与现有平台的集成，网络防御、作战系统等各种技术的进步推动增强型 C4ISR 系统发展。该报告提出，监视和侦察是 C4ISR 最主要的应用方向；陆基 C4ISR 在市场规模方面占据主导地位，并有望在未来五年继续保持其主导地位；亚太地区 C4ISR 市场的增长率最高，其中中国、韩国、日本和印尼对 C4ISR 系统的采购量将显著增加，而北美和欧洲地区对 C4ISR 系统的需求下降。C4ISR 市场的主要供货商包括雷声公司、诺斯罗普·格鲁曼公司、洛克希德·马丁公司、罗克韦尔·柯林斯公司、BAE 系统公司、泰勒斯公司和埃尔比特系统公司。

（二）全球电子战市场将保持稳定增长

2018 年 3 月，《电子战的功能、平台、产品和地区市场——至 2022 年的全球预测》发布，指出全球电子战市场规模预计将从 2017 年的 242 亿美元增至 2022 年的 303.2 亿美元，年复合增长率为 4.61%。国防现代化计划和先进电子战系统采购费用的增加推动了全球电子战市场的增长。报告认为，基于太空平台的电子战市场在市场规模方面将占据主导地位；电子战装备是最主要的产品，电子支援是电子战产品最主要的应用方向；北美地区是 2017 年电子战市场的领导者，政治争端、领土争端、恐怖主义等因素推动了该地区电子战市场的增长。电子战市场的主要供货商包括洛克希德·马丁公司、哈里斯公司、罗克韦尔·柯林斯公司、萨伯公司、波音公司、诺斯罗普·格鲁曼公司、BAE 系统公司和泰勒斯公司等。

（三）软件无线电市场规模将在未来五年快速增长

2018 年 3 月，《软件无线电的应用、部件、平台、频段和地区市场——至 2022 年的全球预测》发布，指出全球软件无线电市场规模预计将从 2017 年的 198.3 亿美元增至 2022 年的 300 亿美元，年复合增长率为 8.63%。市场增长驱动因素包括军方越来越多地使用软件无线电改善对战场部队的指挥和控制，以及提高战场的态势感知能力。报告认为，由于卫星和运载火箭中软件无线电的使用量增加，基于太空平台的软件无线电市场的年复合增长率最高；由于甚高频频段在军事通信中使用率最高，该频段的软件无线电产品市场规模将最大；随着国防开支的增长及对先进通信系统采购量的增加，亚太地区软件无线电市场的增长率最高。软件无线电市场的主要供货商包括诺斯罗普·格鲁曼公司、BAE 系统公司、哈里斯公司、泰勒斯公司、通用动力公司、罗克韦尔·柯林斯公司、莱昂纳多公司、土耳其国防电子工业公司、埃尔比特系统公司等。其中，哈里斯公司在软件无线电市场拥有领导地位，是美军软件无线电的主要提供商。

（四）军用导航市场未来五年将仍以机载平台为主

2018年6月，《军用导航的平台、应用、部件、等级和地区市场——至2023年的全球预测》发布，指出全球军用导航市场规模预计将从2018年的88.7亿美元增至2023年的120.7亿美元，年复合增长率为6.36%。由于地缘政治不稳定和战争性质的变化，现代战争中越来越多地使用无人机，以及对导弹和火炮的需求不断增加，这是推动军用导航市场增长的关键因素。报告认为，在无人机和战斗机上使用导航产品的需求大幅增加；情报监视侦察是军用导航的主要应用方向；由于主要的军用导航制造商集中在欧洲，欧洲地区成为2018年军用导航市场的主导者。军用导航市场的主要供货商包括赛峰公司、科巴姆公司、佳明公司、泰勒斯公司、罗克韦尔·柯林斯公司、L3导航公司和雷声公司等。

（五）美国和中国被认为是军用人工智能的主要市场

2018年3月，《军用人工智能的产品、技术、应用、平台和地区市场——至2025年的全球预测》发布，指出全球军用人工智能市场规模预计将从2017年的62.6亿美元增至2025年的188.2亿美元，年复合增长率为14.75%。军事科研机构大幅增加在人工智能领域的经费投入和研发活动，这是推动军用人工智能市场增长的关键因素。报告认为，军用人工智能技术主要应用于信息处理、作战平台、威胁监测与态势感知、规划与分配、网络安全、模拟与训练、物流与运输、目标识别、战场医疗等方面；学习和智能技术将主导军用人工智能市场；美国在军用人工智能领域的市场份额最大，而中国的市场规模增长最快。军用人工智能市场的主要供货商包括洛克希德·马丁公司、雷声公司、IBM 公司、BAE 系统公司、泰勒斯公司、英伟达公司、雷多斯公司、科学应用国际公司、诺斯罗普·格鲁曼公司、星火认知公司、哈里斯公司、通用动力公司和查尔斯河分析公司（美国）。

大事记

1月

休斯研究实验室开发出一种新型高分辨率、低功耗雷达天线阵列。

美国国家空间防御中心（NSDC）投入运行，该中心首次将军方和情报部门的资源整合到一起，收集并共享对美国卫星及配套基础设施有威胁的数据，重点保护太空安全。

美国国家侦查局发射"未来成像体系—雷达"（FIA-Radar）卫星系列第五颗卫星。

美国 DARPA"100G 射频骨干网"项目在真实城市环境中完成地面演示验证，通信速率达 102 吉比特/秒，传输距离 20 千米。

美国空军利用"大力神"V 火箭发射天基红外系统地球同步轨道 4 号星升空。

印度将第四颗"制图卫星"-2F 遥感卫星送入距离地表 505 千米的轨道。

以色列国防部和以色列航空工业公司（IAI）向意大利空军交付了一架 G550 空中预警指挥机（CAEW）。

洛克希德·马丁公司将"陆基宙斯盾"与"远程识别雷达"（LRDR）相连，演示验证了系统的性能、效率和可靠性等。

俄军第一近卫坦克集团军开始部署"星球大战司令部"新一代全自动化指挥系统，标志着俄军"战场神经"建设再次升级。

美国国防部部署安全云计算体系结构，旨在为托管于商业云环境中影响等级为 4、5 级的数据提供标准的边界与应用层安全方案。

为解决微电子技术面临的现有挑战和新兴挑战，并在 2025～2030 年为国防部和国家安全提供所需要的颠覆性微电子技术，在 DARPA 联合大学微电子学计划（JUMP）支持下，DARPA 与工业界合作伙伴联盟构建了 6 个基础研究中心。

在美国海军研究实验室"石墨烯基器件"项目支持下，加州大学圣地亚哥分校克服了同位素提纯、防止碳缺陷和氧缺陷等难题，研制出富集度分别高达 98.7% 和 99.2% 的 10B 和 11B 六方氮化硼晶体，验证了提高同位素富集度在降低光学损耗方面的技术可行性，为制备中红外至太赫兹纳米光子器件提供了新思路。

DARPA 启动"大规模网络狩猎"项目，旨在利用计算机自动化、先进算法等实时跟踪大量数据，帮助安全人员锁定那些采用高级黑客技术对企业网络实施的攻击。

2月

美国军事云 2.0 在麦克斯韦、丁克空军基地正式上线，美国国防信息系统局授权将非密国家安全数据和重要任务信息连接至军事云 2.0。

北约决定设立"大西洋指挥部"和"欧洲指挥部"，同时设立一个新的欧洲后勤和移动指挥部，还将在盟军力量欧洲最高总部（SHAPE）下建立一个网络行动管理中心。

波音公司获得 6100 美元的合同，用于对 4 架日本 E-767 机载预警和控制系统（AWACS）飞机的任务计算升级安装以及相关地面系统的检查。

美国国防部发布《核态势审查》，指出美国必须拥有一套在遭受核打击后仍可使用的核指挥、控制与通信（NC3）系统。

美国石溪大学利用异质层状结构设计，克服了晶格失配难题，在砷化镓衬底上外延生长出响应波长 8～12 微米、少数载流子寿命 185

纳秒的铟砷锑薄膜，为研制高性能、低成本长波红外探测器开辟了新的技术途径。

3月

美国战略与国际研究中心发布《美国及其职能国家战略》（*A National Machine Intelligences Strategy for the United States*），针对机器智能在国防、经济和社会等方面的应用提出了指导原则，并提出美国在战略制定方面的差距，建议美国政府应在战略层面注重机器智能与人工智能发展齐头并进，最终实现人类与机器智能互补互生

谷歌发布72超导量子芯片原型Bristlecone。该芯片计算能力优于千万亿次经典计算机，错误率低至1%。

在2018年世界移动通信大会上，意大利、比利时和德国演示了世界上首个全石墨烯光通信链路。该链路单通道数据传输速率达25吉比特/秒。同时，瑞典演示了首个超快石墨烯光开关原型，可用于数据传输速率达100吉比特/秒的通信链路，将推动5G通信技术的发展。

DARPA启动"进攻性集群战术"项目第二阶段工作，重点演示集群自主技术，计划实现50个异构无人系统在两个街区、15～30分钟锁定一个目标。该项目围绕提升集群自主水平，探索无人机集群在复杂城市环境中的作战应用。

4月

印度发射"印度区域卫星导航系统"（IRNSS）IRNSS－1I导航卫星，用于替换因原子钟故障而失效的IRNSS－1A卫星。

俄罗斯发射第二颗"钟鸣"系列高通量通信卫星，以保障高速互联网接入、数据传输、电话和视频会议。

美国国防部国防信息系统局宣布将升级国防部骨干网国防信息系统网，传输带宽将从10吉比特/秒提高到100吉比特/秒。

美国国会研究处发布《人工智能与国家安全》（*Artificial Intelligence and National Security*），从立法者角度探讨了军事人工智能的潜在问题。

美军网络司令部发布《美军网络司令部愿景：实现并维持网络空间优势》（*Achieve and Maintain Cyberspace Superiority*）战略文件，标志着美军网络作战和战略思维的重大变革，将为全球数字环境的安全性和稳定性发展带来新的机遇，并将指导、同步和协调网络司令部在网络空间领域的规划和作战，捍卫和推进美国国家利益。

DARPA启动"人机探索网络安全"项目，旨在通过将自动化软件分析与人类洞察力相结合的方式来提升软件漏洞检测能力。

在DARPA"光学优化嵌入式微处理器"项目支持下，美国麻省理工学院首次利用65纳米平面体硅互补金属氧化物半导体（CMOS）工艺，实现光子器件和电子器件单片集成。该光电集成芯片验证了利用成本较低的平面体硅CMOS工艺实现光电单片集成的可行性，为光电单片集成提供了新的技术途径。

5月

美国国防信息系统局启动军事云2.0迁移工作，部署于105个国防机构的军事云1.0将逐步向2.0迁移。

日本东京大学采用分子束外延技术，在硅衬底上制备出电注入砷化铟/砷化镓单片量子点激光器。该激光器辐射波长为1250纳米，半峰全宽为 31 毫电子伏，最低阈值电流密度为 320 安/平方厘米，可在室温下工作。这项技术为制备单片硅基光源提供了新思路，有望解决 COMS 工艺集成中金属布线引起的低带宽密度、高功耗等问题。

6月

俄罗斯中部军区发言人称，俄罗斯第五代 Protivnik-GE 机动性三坐标防空雷达已开始在萨马拉防空兵团服役。

美国国防部发布首部由罗克韦尔·柯林斯公司研制的移动用户目标系统的战术卫星通信波形双通道软件无线电台。

在美能源部支持下，加州大学洛杉矶分校采用金片—石墨烯纳米条结构制备出新的光电探测器。该器件工作波段为可见光至红外光，响应时间比量子点石墨烯光电探测器至少提高了 7 个数量级，工作速度提高了 1 个数量级，为宽波段、高灵敏度、超快光电探测器制备提供了新的技术途径。

DARPA 微系统技术办公室发布"电子复兴计划下一代技术头脑风暴研讨会"特殊公告（DARPA – SN – 18 – 61），旨在研究下一代硬件在国防部未来投资领域的潜在应用。此次研讨会分为 4 个专题：下一代人工智能硬件研讨会、硬件安全研讨会、硬件仿真研讨会、集成光子学研讨会。

美国耶鲁大学利用光波和声波耦合放大光波，在单晶绝缘体硅晶圆上制作出新的激光器。这种硅激光器采用了悬空环形波导谐振腔实现激射。悬空环形波导谐振腔长 4.6 厘米，能严格限制光波和声波，最大限度地发挥光波与声波间的相互作用。这项研究为研发硅基光电子器件开辟了新的技术途径，有望开发新的高性能光电计算系统。

7月

欧洲航天局发射 4 颗"伽利略"导航卫星，此次发射为第 23～26 颗"伽利略"导航卫星。

诺斯罗普·格鲁曼公司交付了第一部 AN/TPS-80 地面/空中任务导向雷达。雷达采用先进的高功率、高效的氮化镓天线技术，进一步提高了系统的作战能力。

DARPA 完成"系统之系统集成技术与试验"项目多域组网飞行测试，演示了强对抗环境下使用新集成技术实现陆、海、空、天、网域武器平台间的快速无缝集成。

美国 GPS-3 下一代运行控制系统的监测站接收机成功通过认证测试。

比利时微电子研究中心 IMEC 宣布实现了 14 纳米 FinFET CMOS 技术和 300 毫米硅光子技术混合集成，并展示了超低功耗、高带宽光学收发机。光学收发机尺寸 0.025 平方毫米，动态功耗 230 飞焦/比特，包含了 FinFET 跨阻放大器、锗波导光电二极管等器件。

在"电子复兴计划"框架下，DARPA 在电路设计领域启动"电子资源智能设计"（IDEA）项目、"高端开源硬件"（POSH）项目。

在"电子复兴"计划框架下，DARPA 启动的两个计算架构领域新项目分别是"软件定义硬件（SDH）"项目和"特定领域片上系统（DSSoC）"项目。这两个项目将重点探索在无须进行复杂编程的情况下，实现软硬件协同优化的新方法。

8月

美国国防部发布《2017～2042 财年无人系统综合路线图》。

美空军联合洛克希德·马丁公司开展多域指挥控制系统第四次推演，演示了用于决策规划的多域同步效果工具。该工具技术成熟度已达 5 级，可使部分规划过程自动化，提高多域环境下联合作战指挥控制能力。

美国国防部公布了"网络航母"网络武器系统采购计划，2019 ~ 2021 年的总预算达 4580 万美元。"网络航母"是一种可以携带网络攻防武器的标准化平台，作战人员可以利用其执行攻防作战、情报获取、侦察监视等任务。

俄罗斯、印度采用离子注入技术在氧化铝掩埋层中制备出氧化镓纳米晶体，并结合叉指电极制成日盲紫外光电探测器。

9月

美国国防部公布了《2018 年国防部网络战略》摘要（*Summary Department of Defense Cyber Strategy 2018*），强调美国正与俄罗斯进行长期战略竞争，提出了建立更具杀伤力的力量、网络空间竞争及威慑、强化联盟和合作伙伴关系、改革国防部、培养人才等具体战略方针。

美国政府管理与预算办公室发布《云智能战略》（*Cloud Smart*）草案，旨在更新奥巴马政府于 2010 年制定的"云优先"政策，为各机构提供方法以迁移到安全可靠的云网络。

美国陆军发布新版《ADP 2-0 情报》条令，取代 2012 年 8 月发布的《ADP 2-0 情报》和《ADRP 2-0 情报》条令。

洛克希德·马丁公司在马绍尔群岛的夸贾林环礁完成了"太空篱笆"的建造与集成。

美国空军宣布向洛克希德·马丁公司授出价值 72 亿美元合同，启动"GPS - 3 后续"（GPS - 3F）系统研制工作，用于建造 22 颗

GPS-3F 卫星。

美国联邦通信委员会通过新规定，简化地方政府对小基站的审批流程，加速 5G 移动网络在美国的部署。

诺斯罗普·格鲁曼公司为美国海军研发的 WSN-12 惯性传感器模块顺利通过关键设计评审（CDR），将试制 10 套。WSN-12 将装备美国全部驱逐舰、巡洋舰、核动力航母和攻击型核潜艇，成为美国绝大多数作战舰艇惯性导航系统的核心。

西班牙光子科学研究所和美国耶鲁大学利用石墨烯等离子体与光子共振耦合，开发出工作频率达吉赫兹的室温、高效中红外探测器。

10月

美国陆军授予诺斯罗普·格鲁曼公司一份价值 2.89 亿美元的合同，启动一体化防空反导作战指挥系统升级工作。

洛克希德·马丁公司远程识别雷达（LRDR）完成技术里程碑，实现了闭环模式卫星跟踪，降低 2020 年按时交付美国导弹防御局的风险。

雷声公司 AN/SPY-6（V）雷达在位于夏威夷考艾岛的美国海军太平洋导弹靶场成功演示探测、截获并跟踪多个目标。

俄罗斯圣光机大学开发出一种新型激光器，以用于精确测量月球和地球之间的距离。该新型激光器脉冲持续时间为 64 皮秒，将用于格洛纳斯导航系统中的激光定位器，这将使实时校正卫星坐标计算成为可能，使俄罗斯导航系统更加精确，定位用户时的误差范围可缩小到 10 厘米。

新加坡和英国合作研发小型量子卫星，计划在 2021 年发射，以验证高度安全的量子密钥分发通信网络。

11月

在英国国防科学技术实验室资助下，帝国理工学院与 M Squared 激光系统公司联合研制出世界首个用于精确导航的量子加速度计，并在现场进行了演示。

DARPA 开展"拒止环境下联合作战"项目测试，演示了无人机集群在敌方干扰环境下的作战能力。

DARPA 正式宣布电子复兴计划进入第二阶段。在新的阶段，DARPA 将继续扩大电子复兴计划项目投资规模，进一步使美国国防企业技术需求和能力与电子工业商业和制造实际相结合，增强国防部专用电子器件制造能力，强化硬件安全，保证电子复兴计划资金投入向国防部应用方面转化。

DARPA 微系统技术办公室启动"用于极端可扩展的封装中的光子学"（PIPES）新项目，旨在通过开发用于数字微电子学的高带宽光学信号技术，以实现未来系统的可扩展。

在英国国防科学技术实验室"未来传感和态势感知"项目资助下，帝国理工学院与 M Squared 激光系统公司联合研制出用于精确导航的量子加速度计，并在现场进行了演示。

12月

印度发射 GSAT－7A 军事通信卫星。

美国空军发射首颗 GPS－3 卫星。

国防部首席信息官办公室发布国防部 4650.08 号指令《定位导航授时（PNT）与导航战》。

俄罗斯、英国、日本和意大利制备出石墨烯基太赫兹探测器。该器件沟道由双层石墨烯制成，双层石墨烯与两层六方氮化硼晶体形成"三明治"结构，太赫兹天线与源极、顶部栅极相连。

　　欧洲启动了开放式磷化铟光子集成电路试生产线项目。该项目总投资达1390万欧元，旨在创建一条供欧洲中小企业共享的高效试生产线，逐步消除试生产过程中的缺陷，缩短生产周期，从而减少研发成本。

参考文献

［1］ https：//www. nonproliferation. org/wp – content/uploads/2018/04/ 180409 – nc3 – is – there – a – ghost – in – the – machine. pdf.

［2］ https：//www. af. mil/News/Article – Display/Article/1644543/multi – domain – command – and – control – is – coming/.

［3］ http：//defenceandtechnology. com/2018/10/17/the – us – air – force – launches – fourth – aehf – communications – satellite/.

［4］ http：//www. dote. osd. mil/pub/reports/FY2017/pdf/dod/2017jrss. pdf.

［5］ https：//www. uasvision. com/2018/01/10/darpas – code – program – moves – to – phase3/.

［6］ https：//federalnewsnetwork. com/milcloud – 2 – 0/2018/04/disa – ramps – up – milcloud – 2 – 0 – as – it – plans – to – shut – down – version – 1 – in – 2019/.

［7］ https：//washingtontechnology. com/articles/2018/08/30/milcloud – migration – rfi. aspx.

［8］ https：//www. executivegov. com/2018/04/disa – to – update – optical – transport – platform – of – defense – information – systems – network/.

［9］ https：//finance. yahoo. com/news/lockheed – martin – wins – 7 – 2b – 140302174. html.

［10］ https：//denver. cbslocal. com/2018/12/16/gps – satellites – lockheed – spacex – air – force/.

［11］ https：//www. yahoo. com/news/scientists – test – laser – communication –

between − 171910088. html.

[12] http：//mil − embedded. com/news/secure − two − channel − sdr − order − placed − by − u − s − army − with − harris − corp/.

[13] https：//www. marketwatch. com/press − release/france − atos − launches − the − most − comprehensive − 4g − private − and − tactical − lte − communication − solution − on − the − market − 2018 − 06 − 20.

[14] https：//phys. org/news/2018 − 01 − flawed − chips. html.

[15] https：//phys. org/news/2018 − 01 − finnish − firm − intel − flaw. html.

[16] https：//phys. org/news/2018 − 01 − intel − chief − chip − flaw − industry. html.

[17] https：//phys. org/news/2018 − 01 − intel − ceo − chip − flaws. html.

[18] https：//phys. org/news/2018 − 01 − intel − vulnerability − chips. html.

[19] https：//phys. org/news/2018 − 01 − affected − chip − flaw. html.

[20] https：//phys. org/news/2018 − 01 − intel − ceo − sold − chip − flaw. html.

[21] https：//phys. org/news/2018 − 03 − intel − chips − flaws − year. html.

[22] Self-Healing of a Confined Phase Change Memory Device with a Metallic Surfactant Layer，Adv. Mater. 2018，1705587.

[23] Multi-terminal memtransistors from polycrystalline monolayer molybdenum disulfide，Nature. 2018，554.

[24] https：//goo. gl/bGZEEg.

[25] https：//physicsworld. com/a/reducing − the − contact − resistance − in − 2d − semiconducting − transistors/.

[26] https：//www. darpa. mil/news − events/2018 − 07 − 24b.

［27］ https：//phys. org/news/2018 −08 −smallest −transistor −worldwide −current −atom. html.

［28］ https：//spectrum. ieee. org/nanoclast/semiconductors/materials/2d −materials −push −paper −electronics −towards −the −internet −of −things.

［29］ https：//spectrum. ieee. org/nanoclast/semiconductors/devices/adding −a −bit −of −artificiality −makes −graphene −real −for −electronics.

［30］ https：//spectrum. ieee. org/tech − talk/semiconductors/materials/compounds −made −from −metal −organic −frameworks −could −challenge −conventional −semiconductors.

［31］ https：//www. sciencedaily. com/releases/2017/12/171220122021. htm.

［32］ http：//electroiq. com/blog/2018/01/nrl −improves −optical −efficiency −in −nanophotonic −devices/.

［33］ https：//www. sciencedaily. com/releases/2018/01/180125140832. htm.

［34］ https：//www. sciencedaily. com/releases/2018/02/180223151901. htm.

［35］ http：//electroiq. com/blog/2018/03/practical −spin −wave −transistor −one −step −closer/.

［36］ https：//www. sciencedaily. com/releases/2018/03/180305130253. htm.

［37］ https：//www. sciencedaily. com/releases/2018/03/180307153947. htm.

［38］ https：//spectrum. ieee. org/nanoclast/semiconductors/devices/2d −materials −enable −swarms −of −floating −microbots.

［39］ http：//electroiq. com/blog/2018/04/double −perovskites −in −environmentally −friendly −solar −cells/.

［40］ http：//www. semiconductor − today. com/news _ items/2018/apr/microlink_ 180418. shtml.

［41］ http：//electroiq. com/blog/2018/04/cell −membrane −inspires −new −ultrathin −electronic −film/.

[42] https：//www. sciencedaily. com/releases/2018/05/180503142918. htm.

[43] https：//www. sciencedaily. com/releases/2018/05/180503142759. htm.

[44] https：//spectrum. ieee. org/nanoclast/semiconductors/materials/ graphene – pushes – skyrmions – closer – to – data – storage – reality.

[45] https：//electroiq. com/2018/06/transparent – conductive – films – promising – for – developing – flexible – screens/.

[46] https：//www. defensenews. com/opinion/commentary/2018/06/ 25/new – batteries – from – dod – agency – boosts – performance – safety – for – military – weapons – systems/.

[47] http：//www. semiconductor – today. com/news_ items/2018/jul/ alta_ 030718. shtml.

[48] https：//electroiq. com/2018/07/a – colossal – breakthrough – for – topological – spintronics/.

[49] https：//electroiq. com/2018/09/when – 80 – microns – is – enough/.

[50] https：//electroiq. com/2018/09/graphene – bilayer – provides – efficient – transport – and – control – of – spins/.

[51] https：//electroiq. com/2018/10/boron – nitride – separation – process – could – facilitate – higher – efficiency – solar – cells/.

[52] https：//electroiq. com/2018/10/part – organic – invention – can – be – used – in – bendable – mobile – phones/.

[53] http：//www. semiconductor – today. com/news _ items/2018/ dec/alta_ 191218. shtml.

[54] https：//spectrum. ieee. org/energy/renewables/power – from – commercial – perovskite – solar – cells – is – coming – soon.

[55] https：//www. sciencedaily. com/releases/2019/01/190110141653. htm.

[56] https：//electroiq. com/2019/01/breakthrough – in – organic – electronics/.

［57］ https：∥electroiq. com/2019/01/innovative － technique － could － pave － way － for － new － generation － of － flexible － electronic － components/.

［58］ France tests radar to detect and track ballistic missiles, satellites, https：∥www. defensenews. com/intel － geoint/sensors/2018/03/23/france － tests － radar － to － detect － and － track － ballistic － missiles － satellites/.

［59］ Hensoldt launches new TRML － 4D radar，http：∥www. janes. com/article/81255/hensoldt － launches － new － trml － 4d － radar.

［60］ Russian Aerospace Defence Forces receives 5th generation radars，http：∥tass. com/defense/1011051.

［61］ US military aims for ＄1 billion missile defense radar in Hawaii，https：∥www. militarytimes. com/news/your － military/2018/06/27/us － military － aims － for － 1 － billion － missile － defense － radar － in － hawaii/.

［62］ Japan picks Lockheed Martin radar for missile defence system － － ministry official，http：∥www. asahi. com/ajw/articles/AJ201807030036. html.

［63］ Leonardo launches new E-scan radar for fighter jets "Grifo-E" at Farnborough Air Show，http：∥www. asdnews. com/news/defense/2018/07/16/leonardo － launches － new － escan － radar － fighter － jets － grifoe － at － farnborough － air － show.

［64］ Russia to develop advanced radio-photonic radars for 6th-generation fighter jets，http：∥tass. com/defense/1012445.

［65］ Navy asks DRS Laurel to build five more AN/SPQ － 9B shipboard missile-defense radar systems，https：∥www. militaryaerospace. com/articles/2018/07/shipboard － missile － defense － radar. html.

［66］ Navy researchers look for company to upgrade software-defined radar for wide-area search，http：//www. militaryaerospace. com/articles/2018/01/software - defined - radar - wide - area - search. html.

［67］ Russia to create ＄150 mln Earth observation satellite by late 2025，http：//tass. com/science/1012207.

［68］ Leonardo works on "Europe's first fully digital" radar，https：//www. c4isrnet. com/industry/2017/12/06/leonardo - works - on - europes - first - fully - digital - radar/.

［69］ Lockheed Martin Achieves Long Range Discrimination Radar Critical Design Review On-Schedule，http：//www. spacedaily. com/reports/Lockheed_ Martin_ Achieves_ Long_ Range_ Discrimination_ Radar_ Critical_ Design_ Review_ On_ Schedule_ 999. html.

［70］ US Navy's AN/SPY - 6（V）radar tracks ballistic missile through intercept，https：//navaltoday. com/2018/10/11/us - navys - an - spy - 6v - radar - tracks - ballistic - missile - through - intercept/.

［71］ Saab supplying radar to U. S. Coast Guard，http：//www. spacedaily. com/reports/Saab_ supplying_ radar_ to_ US_ Coast_ Guard_ 999. html.

［72］ NGC Delivers 1st Gallium Nitride（GaN）G/ATOR System to USMC，http：//www. asdnews. com/news/defense/2018/07/26/ngc - delivers - 1st - gallium - nitride - gan - gator - system - usmc.

［73］ Navy asks DRS Laurel to build five more AN/SPQ - 9B shipboard missile-defense radar systems，https：//www. militaryaerospace. com/articles/2018/07/shipboard - missile - defense - radar. html.

［74］ Thales demos capability of ballistic missile tracking radar，http：//www. spacedaily. com/reports/Thales_ demos_ capability_ of_ ballistic_ missile_ tracking_ radar_ 999. html.

［75］ https：//idw - online. de/de/news700700.

［76］ https：//www. newstarget. com/2018 - 08 - 19 - secure - quantum - communication - could - soon - be - available - for - all. html.

［77］ http：//www. semiconductor - today. com/news_ items/2018/jul/imec_ 120718. shtml.

［78］ http：//www. semiconductor - today. com/news_ items/2018/may/uot_ 090518. shtml.

［79］ https：//phys. org/news/2018 - 04 - discovery - material - key - powerful. html#jCp.

［80］ http：//www. semiconductor - today. com/news_ items/2018/jul/imec_ 120718. shtml.

［81］ http：//www. semiconductor - today. com/news_ items/2018/oct/lbnl_ 041018. shtml.

［82］ http：//www. nature. com/articles/d41586 - 018 - 07216 - 0.

［83］ https：//www. purdue. edu/newsroom/releases/2018/Q4/purdue - researchers - advance - quantum - science - national - agenda. html.

［84］ https：//spectrum. ieee. org/tech - talk/aerospace/satellites/singapore - and - uk - plan - quantum - cubesat - for - 2021 - launch.

［85］ https：//www. nextgov. com/emerging - tech/2018/09/white - house - unveils - plan - dominate - quantum - technology/151542/.

［86］ https：//www. graphene - info. com/researchers - use - graphene - detect - mid - infrared - light - room - temperature - and - convert - it - electricity.

［87］ https：//www. newstarget. com/2018 - 08 - 19 - secure - quantum - communication - could - soon - be - available - for - all. html.

［88］ https：//phys. org/news/2018 - 10 - unhackable - particles - quantum - internet. html.

图书在版编目（CIP）数据

世界军事电子发展报告 . 2018－2019／国家工业信息
安全发展研究中心编著 . －－北京：社会科学文献出版社，
2019.9

ISBN 978－7－5201－5209－9

Ⅰ.①世…　Ⅱ.①国…　Ⅲ.①军事技术－电子技术－
研究报告－世界－2018　Ⅳ.①E919

中国版本图书馆 CIP 数据核字（2019）第 150391 号

世界军事电子发展报告（2018～2019）

编　　著／国家工业信息安全发展研究中心

出 版 人／谢寿光
责任编辑／吴　敏

出　　版／社会科学文献出版社·皮书出版分社（010）59367127
　　　　　地址：北京市北三环中路甲 29 号院华龙大厦　邮编：100029
　　　　　网址：www. ssap. com. cn
发　　行／市场营销中心（010）59367081　59367083
印　　装／三河市尚艺印装有限公司

规　　格／开　本：787mm×1092mm　1/16
　　　　　印　张：11　字　数：147 千字
版　　次／2019 年 9 月第 1 版　2019 年 9 月第 1 次印刷
书　　号／ISBN 978－7－5201－5209－9
定　　价／69.00 元

本书如有印装质量问题，请与读者服务中心（010－59367028）联系